吴琼琼的彩妆教室

吴琼琼 著

中国友谊出版公司

目录 contents

目录 contents

吴琼琼的 彩妆教室

化妆的好处

每个女人都是爱美的，但是在爱美的领域里
又分为两派

素颜派

化妆派

也许很多人会说

千万不要被误导好吗!
你以为他们喜欢的都是真素颜?

大部分男生根本
看不出女生
有没有化妆。
如果非要说纯素颜,
那都是极少数的
天生丽质了。

他们不爱的……

其实是那些
化妆技术差、
化了比没化难看,
或者是成天
浓妆艳抹的女人。

总之一句话：
只要你看起来漂漂亮亮的，
他们根本不会管你化不化妆。

所以，每个女人都应该学会化妆这门技能！

它可以让普通人变得魅力无限

不单单是为了给别人看，其实更多的是给自己带来自信

它可以修饰你的缺陷，从视觉上改变五官

眉毛稀疏
单眼皮
眼睛无神
塌鼻子
厚嘴唇

眉笔
双眼皮贴
打阴影
弱化嘴唇
边缘

在我们生活中，很多场合都是需要化妆的

约会

工作

聚会

工作再忙，也别忘了收拾自己

心情再糟，也不能放弃自己

感情再深，也需要偶尔的惊艳

我们不得不承认，有些时候，这也是一个看脸的社会

千万别甘于现状！你其实可以更美的！
快来跟我学化妆吧

基础化妆
产品种类的区分

基础化妆产品的种类区分

学化妆之前，必须先学会挑选适合自己的化妆品！

一、底妆篇

底妆的种类

BB霜

分管状式的和气垫式的，气垫式是近年来
比较流行的，方便快捷，适合学生族、上班族。
BB霜的优点是美白提亮，打造自然的裸妆效果；
均匀肤色，细致毛孔，还比较水润轻薄。
缺点是不够持久，遮瑕度低，但日常够用了。

粉底液

选择一款适合自己的粉底液是很重要的。
有些是液态，有些是乳液状，含水分较多，
有一定流动性，好的产品还有保湿效果，
质地轻薄易推开，遮瑕比BB霜好些。
用了BB霜就不要再用粉底液了，否则会很厚重。
粉底液色号较多，建议去专柜试色较为保险。

粉底霜

相较于粉底液来说比较厚重，不易推开。
推开有粉状薄雾感，遮瑕力强。
适合干皮妹子，用前一定要做好保湿。
秋冬使用最好，或是专门拍照需要妆感
特别完整的时候用。

粉底棒 / 粉底膏

粉底棒和粉底膏质地差不多，
都是固态膏体，遮瑕力更强，
适合遮瑕较多想要强力遮瑕的皮肤。
抹在脸上要用海绵按压均匀，
切勿过度涂抹，否则假面严重。

遮瑕力对比：BB霜＜粉底液＜粉底霜＜粉底膏

隔离霜 / 妆前乳

其实隔离霜就是妆前乳，隔离霜并不能阻挡紫外线辐射，甚至 PM2.5。隔离霜是侧重修饰肤色，妆前乳则是偏重补水、保湿、打底，在彩妆之前使用能调整肤色，给皮肤好好打个底，使妆容更加完美持久。

粉饼

粉状，很适合补妆，有一定遮瑕力，补妆时一抹能立刻让皮肤呈现细腻亚光感，均匀整体肤色，缓解脱妆状态。如果想要零瑕疵底妆也可以用它作为定妆粉，会比散粉遮盖力强，用它定妆时记得按压上妆，切勿涂抹。

蜜粉饼

跟粉饼类似，但无明显遮瑕力，一般有透明色和轻微闪粉两种质地。作为定妆粉和补妆用，打造透明薄雾感或者有光泽感的皮肤，不喜欢用散粉的就选这种吧！

散粉

专门作为底妆最后一步——定妆用，让底妆干爽不易花，保持得更久。夏天也能起到控油作用，跟蜜粉饼有同样作用，只不过一个是散的，一个压成粉饼状，效果差不多。

遮瑕膏 / 遮瑕液

在底妆之前遮瑕或底妆之后遮瑕都可以，但一定是在定妆粉前用（切勿反复叠加）。遮瑕膏遮盖力强，不仅适合遮大面积的，也适合遮局部，而遮瑕液对于太小的区域，有点困难，需要再用遮瑕膏辅助。想遮盖更完美，建议先用深色遮瑕，或者选用跟肤色相近的遮瑕，然后再覆盖一层浅色的遮瑕。

插播一条

你知道如何选择适合自己的隔离霜 or 妆前乳吗？

如果你是不均肌

请选用偏紫色的妆前乳，能起到均匀肤色、提亮整体色调的作用。

如果你是泛红肌

请选用偏绿色的妆前乳，修正泛红皮肤，告别猴屁股！

如果你是灰纱肌

请选用具有亮白效果的妆前乳，打败暗沉，揭开皮肤灰面纱！

如果你是苍白肌

请选用偏粉色的妆前乳，光亮肌肤，给皮肤带来血色，
气色看起来更好！

如果你是暗黄肌

偏蓝或偏紫的妆前乳都可以，能修正暗黄肌肤，均匀和提亮肤色。

二、眼妆篇

1.眉毛产品的种类

眉粉

粉状，需要用刷子画，画完的眉形自然，边缘轮廓不会太明显，也可以在眉笔画完轮廓后用这个填充，打造自然、立体、均匀的眉毛，很适合新手（眉粉浅色号的还可以顺带当鼻影哦）。

眉胶

像眼线胶一样的感觉，需要用刷子画，颜色选浅些的，照样可以画出自然的眉毛。使用眉胶画的眉形轮廓会比较硬，化妆师和彩妆爱好者都很爱用，但不太好上手,不适合新手,优点是着色力强、持久、不易晕妆。

眉笔

最普遍的画眉工具，轻松画出想要的眉形，就是不太持久，一天下来多少会有点脱妆。眉笔还有一种是水性的，类似浅色文身笔。这个就超级持久啦，不过用的时候需要练习，画错就不像普通眉笔那么好改了。

染眉膏

可以淡化眉色，让眉色和发色统一，适合染发的人，也适合眉色太深想变浅些的人。用了染眉膏，你会发现整体妆容更完整了，整个人看起来更洋气，也可以让画的眉毛更均匀、持久，不容易脱色。

通常画一个完整立体的眉毛，需要这三种产品的组合：眉笔勾勒＋眉粉填充＋刷染眉膏，不过日常不用那么麻烦，直接一根眉笔或一盒眉粉就行了。

2. 眼影产品的种类

眼影粉

细小粉状颗粒，多为闪片，画比较夸张的
妆容的时候，也可以在眼妆画完时
蘸取一点，点在眼皮中央，增加眼妆
的闪耀感、立体感、光泽感，BLINGBLING的！

眼影膏

膏状眼影，一种是色彩浓郁、稍浓稠的；
一种是果冻状的，涂在眼皮上会有水亮
光泽的质感。眼影膏和眼影粉比起来，
呈现的效果更加强烈，适合舞台妆、
表演、活动的时候用，有油润水亮的感觉。

眼影笔

笔状，有细的眼影笔也有粗些的眼影棒。
操作简单，眼影棒直接涂抹于眼皮上，
然后用手指略微晕染就好。细的眼影笔
可以作为眼线笔用，亮色带珠光的眼影笔
可以作为卧蚕笔提亮，暗色眼影笔加深
下眼角也非常方便。

眼影盘

这类也就是第一种眼影粉压缩后的状态，
其实都是一样的粉质眼影，分亚光、珠光、
单色、双色、多色眼影盘。日常用双色、三色、
四色左右的眼影盘就够了，如果喜欢彩妆可以
尝试不同类型的眼影盘，能画出
风格迥异、千变万化的妆容。

液体眼影

易上妆，跟膏状眼影涂抹后的感觉差不多，
同样会比粉状饱和浓郁，色彩对比强烈，
但操作起来会稍复杂些，涂上去要赶快
用指腹晕染开，否则液体干后就很难晕开了。

3. 眼线产品的种类

眼线膏

需要使用眼线刷来画眼线，化妆师的最爱。画出来的眼线色彩浓郁饱和，质感表现力强，打造流畅密实的线条。眼线膏的特征是妆容持久、不晕染，其实也看个人，油性肤质和眼周爱出油者慎选。

眼线笔

分眼线液笔和眼线胶笔，眼线胶笔就是眼线膏的笔状，笔芯软，色彩鲜明，画起来顺滑服帖，画完迅速用棉签晕染，可以打造最自然的眼线效果。眼线液笔画出来的线条非常细，速干，成型快，好勾勒，相较眼线胶会稍微持久，不晕染些，我个人比较喜欢用眼线液笔画。

4. 睫毛膏的种类

打底睫毛膏

打底膏有好几种类型，在睫毛膏前用。白色的打底膏可以让后续睫毛膏色彩更明显；透明的打底膏定型睫毛，让睫毛不容易塌；纤维的打底膏等于是给睫毛先嫁接些纤维，涂上睫毛膏后睫毛呈现更浓密、纤长的效果，像是粘了假睫毛一样。

纤长型

纤长型的一般膏体里会带些纤维，可以在涂的过程中嫁接睫毛，让睫毛更纤长、卷翘，喜欢自然卷翘、长睫毛的人可以选择。

浓密型

浓密型膏体略微黏稠，涂上去可以加粗睫毛，让睫毛呈现浓密的效果。其实浓密型和纤长型涂起来差不多，喜欢睫毛膏效果明显些的可以选择（其实现在很多睫毛膏是两者的结合）。

三、脸部彩妆篇

1. 腮红的种类

液体腮红

液态胭脂水，点几滴在脸颊上，迅速用手指晕染开，可以营造从皮肤底层透出来的那种自然红晕，不过手法一定要快准狠，不然很容易晕染不均匀（在粉底液之后用，如果定妆或者涂抹过粉饼后不易使用）。

膏体腮红

膏体的，有在一小盒容器里的，也有棒状的，直接在粉底液以后点在脸上迅速染开会比液态好晕开些。之后可以定妆或者再扫一层粉质腮红，腮红效果会更加持久自然。

粉状腮红

非常常见的腮红，需要搭配刷子使用，根据自己的脸形刷出适合自己的腮红。注意用量，边缘一定要晕染自然，少量多次，切勿刷成猴屁股。

气垫腮红

近些年跟气垫BB一起产生的新产品，介于液态和膏状之间的腮红。比粉状更贴合皮肤，晕染后更自然，会比较湿润，油性皮肤需要之后扫上一层定妆粉。

插播一条： 假设没有腮红，口红也可以充当腮红用。

点在脸上，用手指晕染自然。

2. 修容产品的种类

膏状修容

很多专业化妆师、国外美妆达人的最爱。在合适的位置抹上去，再用手或者刷子晕染开，修容效果立竿见影，而且能保持持久自然的效果。但需要练习手法，新手慎选，很容易下手重或晕染不均匀。

粉状修容

常见的修容产品，粉状的比膏状的更好控制，适合所有人，日常修下鼻影即可，化完整妆的时候修全脸，记得少量多次，不要贪图效果而修得太重，另外一定要晕染自然（修容位置因人而异，不要看别人修哪里你就修哪里，根据自己脸形来定）！

3. 高光产品的种类

液体高光

在粉底液后使用，滴在需要的位置，涂抹自然，也可以跟少量粉底液混合使用，打造水亮光泽的肌肤。

膏体高光

膏状，跟腮红膏一样，在粉底液之后使用，涂在需要的位置，用手指晕开，按压均匀。

粉状高光

比上面两种好控制，适合所有人。主要打在苹果肌、额头、鼻梁、下巴位置。不要打太过，高光闪的颗粒要细腻，不然闪得太夸张，很容易显毛孔，皮肤看起来会更粗糙，皮肤不好的妹子慎用。

插播一条：如果没有高光，用比肤色亮几号的遮瑕膏照样可以代替，主要提亮眼下、鼻翼两侧、嘴角两侧，让整张脸看起来更饱满。

四、口红篇

口红的种类

唇膏

膏体口红，有亚光的也有滋润水亮的，可以给嘴唇很好地着色，如果嘴唇死皮非常多，建议先涂润唇膏打底再涂口红。

唇釉

感觉是液态的口红，质地黏稠、色彩饱和，涂一层等干了再涂一层，可以让色彩更好地附着在嘴唇上，很多唇釉都是很持久的，相较于唇膏来说更好用。

唇彩/唇蜜

质地黏稠，啫喱状，涂起来没有唇釉的颜色那么饱和，更多是请透感的淡淡色彩，可以单用，也可以搭配唇膏一起用，起到丰盈水亮嘴唇的效果，嘴唇超级干的时候就只能涂这种唇膏了。

唇膏笔

膏体口红，只不过做成了笔状，一般会比较干些，但非常好勾勒唇形，手残星人怕涂错，用它就很方便了。

润唇膏

一般涂出来是透明的颜色，也有带色彩的有色润唇膏，嘴唇比较干的时候日常早晚用，能缓解死皮，给嘴唇适当的保护。

五、卸妆篇

卸妆产品的种类

卸妆乳

适合卸基础淡妆，比洗面奶
清洁力度大，但卸妆力度没有别的质地强。
也可以搭配卸妆水用，没有卸完的再用
这个加强清洁一次，卸妆更彻底。

卸妆水

需要搭配化妆棉，倒在化妆棉上湿敷，
需要卸妆的位置，过一小会儿轻轻
擦拭，细节是需要用棉签擦拭，适合敏感
肌肤，卸完需要用洗面奶再洗一次。

卸妆油

卸妆力度较大，适合卸完整的妆容。
对于很多敏感或者油性肌肤来说容易闷痘。
先倒于干燥手心中直接涂在脸上，轻轻揉搓，
过一小会儿不断加水乳化，直至乳化完成，
脸上彩妆及油脂都清洗干净之后，可以搭配
温和性的洗面奶再轻轻洗一次。

卸妆膏

膏状，质地很温和，跟卸妆油一样直接
涂于全脸，轻轻揉搓，将彩妆和脏东西全
部脱离肌肤，然后加水乳化直至清洗完毕。
适合喜欢温和些、卸妆力度极强的、不适应
卸妆油的人。

总结：到这里，化妆品的种类基本都写完了，也是我自己的
认知和心得，方便初学者在琳琅满目的化妆品中挑选适合自
己的产品。很多化妆品因人而异，如果有条件最好自己去试
用，用心找到最适合自己的，才能化出美美的妆来。

03

女生必须
知道的事

女生必须
知道的事

当幸福来临时，
你是否能抓住？

幸福

在学化妆前，我们先来分析一下女生必须知道的事情

你是不是已经对这个看脸的世界有点绝望了？

虽然，这个社会存在着一些不公，

但并不是绝对的，如果你懂得让自己变得更有魅力，
同样还是可以收获属于自己的幸福的。

女屌丝也会有春天

那么，当机会来临时，
如何好好地把握住呢？

下面我们来探讨一下，当你要赴在意的约会时，
需要注意的是什么。

一、一定要化妆

平常你邋遢得跟个鬼一样都没人管你，
但如果是你在意的约会，
想让事情有更好的发展，
你就必须花点时间、花点心思，
坐在镜子前好好地
收拾一番。

下面跟大家说一下化妆的重要性：

1. 一定要化好底妆（让皮肤看起来更好）

你觉得男生会想对着一张毛孔粗大、
肤色不均匀、满脸痘痘、
脱皮、油腻的脸看一晚上吗？

2.一定要画眉毛（会让你显得更精神）

很多女生觉得自己
有刘海就不用画眉毛，
但你考虑过这种场景吗？

3.一定要画腮红（给你好气色）

想让脸看起来红润健康，
腮红是必不可少的。
画上腮红，人也会可爱很多。

4.一定要涂唇膏

相信我，男生是不会想
亲一张布满爆皮、干裂
惨白的嘴巴的。

二、懂得应急补妆

美女是什么概念呢？
就是随时随地保持最良好的姿态，
给人赏心悦目感觉的人。

如果你身边有会化妆的美女朋友，包包里一定有补妆工具！

哪怕只是
一支唇膏

她们是不会让自己在去某地之前就妆容全花的；

不会让自己吃得油光满面再跟你去下一个地点。

因为她们懂得补妆啊!

通常,完整的补妆工具会包含这几项:
（应对在外面很长时间的时候）

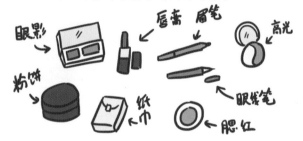

不然你以为有时候女生去洗手间很长时间是干吗?
（哦,除了大号……）

如果你有贴假睫毛，一定记得带假睫毛胶！

如果嫌麻烦或者相处的时间短，只需以下两样

这个世界存在着太多的未知因素，你并不能预见下一秒会发生什么。

你必须学会
作为一个女生必要的应对，
不单单是约会，就算是平常出门，
好歹也稍微带几样，以防万一……

三、内外兼顾

冬天来了，你为自己
添置了几件漂亮的大衣。

和喜欢的人相约吃晚饭，

到了店里……

把大衣一脱……

……

你到底要用那种
眼神看我几次？

肉色的保暖
内衣之类的 →

没事……
你开心就好。

或者刚好赶上去需要脱鞋的地方……

咦？
啥时候
破了
个洞？

这样你的外套
再好看又有什么用呢？

四、香味和触感

香味其实是很神奇的，它可以让你记住一件事情、一个人，还会给你莫名的愉悦感。

闻到母校的味道……

学会分场合喷香水，浓淡相宜，
除了在大衣外喷点，里面的衣服也可以喷。

这样就会在你脱掉大衣的瞬间香气扑鼻……

嗖↑↑↑ 好感度

头发一定记得洗干净，最好用香香的洗发水！

不经意间闻到，同样会好感度剧增！

嗖嗖嗖！ 好感度

另外，冬天也都习惯性地涂点护手霜吧，
不要让一个女孩子的手跟糙大汉下地干过活的手一样！

记得以前在学校的时候，
女生和女生很喜欢牵手一起走。

有一次牵过一个
超爱涂护手霜的女生的手，
那柔软感……

所以啊，冬天出门记得涂点护手霜，
约会的时候随身带一小瓶，有备无患！

五、注意形象

注意形象这件事已经不用说了,
既然是和你喜欢的人约会,
就要收起你的屌丝气息:

吃饭不要狼吞虎咽,不要让脸上或者身上沾到脏东西;

不要随便讲荤段子,笑的时候不要太放肆;

当然如果是跟特别熟
的朋友那倒是没关系。

控制好自己平时的不良嗜好。

最后的最后，一定要保持心情的愉悦！

做个有素养、会打扮、注意细节的女孩子，
到哪里都会受欢迎哦！

04

护肤篇

基础护肤
小知识

皮肤乃一切美丽的根本！

盲目护肤

不注意防晒

护肤

懒得保养

乱挤痘

众所周知，盖楼房是要打地基的。

地基打得好，盖出来的楼才坚固漂亮。

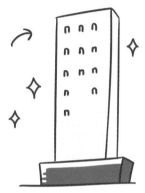

化妆也是如此，

妆好不好看的根本，
除了你五官的硬件条件，就在于你的皮肤了。

如果你有个好皮肤，即使
轻描淡抹都漂亮；

如果皮肤不好，
再浓的妆也无济于事。

VS

接下来，我就跟大家讲讲
护肤中，要注意的问题！

护肤误区篇

误区一：

懒得保养，觉得什么都不抹，皮肤才是最自然健康的

再好的皮肤也抵不过外在因素的伤害！

再年轻、水嫩的皮肤也禁不住岁月的雕琢！

误区二：

盲目种草，别人说好的就一定好

彩妆推荐无所谓，因为它呈现的都是表面的效果，
而护肤品是直达皮肤的根本，所以你需要的是真正适合你的。

小建议：彩妆可以买平价又非常热门的产品，但对于护肤品，
建议还是买稍微贵些有保证的品牌，用着也安心。

对了，还有最好不要和家人合用护肤品

比如年轻的你就不要
用妈妈的护肤品了，
毕竟她会挑适合自己年龄的产品，
对你的皮肤来说过于滋润营养，
或许会造成皮肤的负担哦。

误区三： 过度保养

1. 一周做 3 次以上面膜，
有时候超过 20 分钟

2. 每天用洗面奶
洗脸 3 次以上

3. 各种类型的护肤品
全部合起来用，
甚至有些重复功能的

4. 把自己的脸当试验田，
什么都要试试

过度保养不但有可能会毁皮肤，还会增加皮肤负担，
容易出问题，比如长痘、长闭口、长油脂粒，过敏之类的。

护肤品不要什么都买来试，
看准了再试，在几样产品中
找到最适合自己的，
然后每天坚持必要的
基础保养就好了！

误区四：不注意防晒

1. 不晒到太阳就不用防晒

2. 除了夏季其他季节可以不用防晒

紫外线是让皮肤衰老的元凶之一，也会让皮肤水分丢失，导致皱纹、松弛、色斑等问题，如果不服的话看下图。

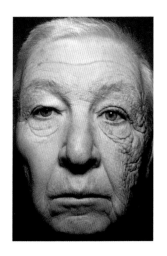

《新英格兰医学杂志》临床医学图片：单侧光老化
69岁男性，28年送货卡车驾龄，左脸受日晒时间较右脸显著较多；
25年来，左脸光老化（皮肤增厚和皱纹增多等）状况比右脸日益加重……

所以你还敢不涂防晒霜吗？

防晒霜其实算护肤品，它可以帮助我们对抗紫外线的侵袭，
用在所有护肤之后彩妆之前，如果怕油腻可以选择清爽款！

1. 只要出门就要涂，
提前 30 分钟涂好

2. 如果直接暴露在阳光下，
建议 2～3 个小时补涂一次

3. 选用有防晒系数的化妆品，
也是多重的保护

再贵的面霜涂 10 次，
也抵不过恰当地
涂一次防晒霜，
是一年四季男女
必备护肤品哦！

4. 防晒装备有时候比
防晒霜还管用

5. 如果不小心晒伤，记得多补水和及时修复

护肤建议篇

一、首先你要知道护肤的大致步骤

 日间护肤：

洁面　　化妆水 / 爽肤水　　眼霜　　乳液　　防晒霜　隔离霜

其实涂了防晒霜可以不用涂隔离霜啦，要涂就是加层保护，看心情！

 夜间护肤

洁面　　化妆水 / 爽肤水　　精华　　眼霜　　乳液　　面霜

护肤最重要的就是根据自己的肤质选择适合自己的护肤品！

当然，如果不嫌麻烦，专业的护肤是要早晚使用不同功效的护肤品。

简单地从质地上说就是：

薄

> 白天：有防晒、保湿、清爽型的
> 晚上：有美白、保湿、修护、滋养型的

厚

1. 涂面霜或乳液的时候可以连脖子顺道一起抹了

颈纹是很容易暴露年龄的，
所以如果你在意细节，
就一定要注意脖子的保养！

从上向下，疏通淋巴；
从下向上，提拉紧致。
不管哪个方向，
手法都得轻。

虽然网上有些人说非要专门的颈霜，但我觉得有东西抹总比没有抹的好吧，
如果你特别在意保养就买专门的颈霜吧！

2. 嘴唇容易干的同学晚上记得抹上厚厚的润唇膏再睡觉

涂
涂
涂

**3. 通常保养完后皮肤会出现很油的状态，
最近我会用一种叫作晚安粉的东西，抹完清清爽爽到天明**

晚安粉

再也不担心护肤品
粘枕头上啦！

成分不同于彩妆的散粉，
算是保养品，
是不会堵塞毛孔的，
所以涂了就可以去睡觉！

4. 其实女生过了 18 岁就得用眼霜了，
别以为眼霜是妇女的专利，少女也要用哒

我可以延缓长皱纹的速度，
滋润眼睛，减少黑眼圈、眼袋
等问题的出现。

涂的
位置

眼霜除了涂在眼睛周围，还可以涂在法令纹和
嘴角位置，这两个地方也容易长皱纹

5. 每天多喝水真的很重要，充足的水分才是护肤的根本

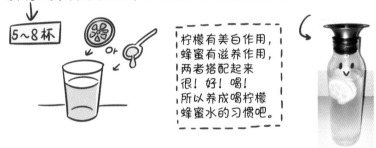

5～8 杯

柠檬有美白作用，
蜂蜜有滋养作用，
两者搭配起来
很！好！喝！
所以养成喝柠檬
蜂蜜水的习惯吧。

6. 还要作息规律，早睡早起

然并卵，对于创作
者来说，真的好难改！

熬夜是护肤大忌，
该睡美容觉的时候不睡，
除了损害身体健康，
还会让皮肤衰老得快，
肤色暗沉，黑眼圈严重，
总之很可怕的……

7. 定期去角质，会让皮肤更光滑透亮

常见的去角质产品：

去角质霜：可就是用它搓出像泥一样的东西的产品

磨砂膏：有颗粒明显喵状，啫喱状的产品

or

不管哪种都不能频繁使用，最多一周一次，皮肤有炎症、红血丝的情况不要用哦！

8. 在手里加热后再涂抹护肤品，会增大护肤品功效

①双手搓搓几下，把护肤品焐热

②均匀拍打涂抹在脸上

抹抹抹

抹

③完了之后继续拿手掌在脸上焐一会儿

焐两颊

焐下巴和额头

很多人护肤的时候都会省略这一步，手心的温度可以让皮肤更好地吸收营养成分，其实简简单单这几步反而能使护肤品的功效提升一大截。

9. 不管是刚洗完澡还是刚洗完脸，尽快护肤效果好

很多精华液建议洗完脸马上用，才能达到更好的保湿渗透作用！

10. 一周做2~3次面膜，皮肤定期得到加强保养

11. 饮食在很多方面也对皮肤的好坏起到很大的作用

多吃蔬菜和水果　　少吃刺激性食物及饮品

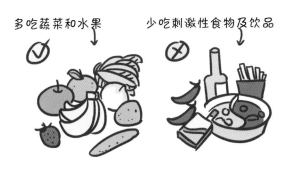

另外，
猪皮、坚果、鲜枣、地瓜、
黄瓜、冬瓜、番茄、苹果、
桑葚、海带、无花果等
食物都或多或少具有
美容养颜的作用，
平时可以多吃。

痘痘篇

很多人都有长痘痘的烦恼，
长痘痘简直是破坏整张脸美感的一大因素！
想要根治，先要了解长痘的原因。

先来看看自己脸上的痘长在哪里吧！

各部位长痘的原因

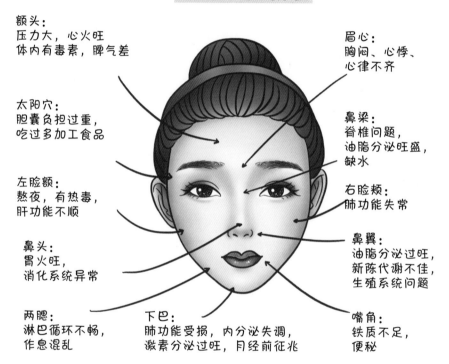

额头：
压力大，心火旺
体内有毒素，脾气差

太阳穴：
胆囊负担过重，
吃过多加工食品

左脸颊：
熬夜，有热毒，
肝功能不顺

鼻头：
胃火旺，
消化系统异常

两腮：
淋巴循环不畅，
作息混乱

下巴：
肺功能受损，内分泌失调，
激素分泌过旺，月经前征兆

眉心：
胸闷、心悸、
心律不齐

鼻梁：
脊椎问题，
油脂分泌旺盛，
缺水

右脸颊：
肺功能失常

鼻翼：
油脂分泌过旺，
新陈代谢不佳，
生殖系统问题

嘴角：
铁质不足，
便秘

长痘很多时候不止一个问题，以上只是一个大概推测，
针对你这个地方总是长痘的情况。

那么如何避免长痘呢？

1. 首先肯定是要作息规律，早睡早起，适量运动，
促进新陈代谢，不要有太多心理负担，保持愉快的心情

2. 调节肠胃功能，保持大便通畅，多喝水、多吃水果蔬菜，
少吃甜食、垃圾食品、刺激性食物、夜宵等，
保持营养均衡

3. 注意脸部清洁，尽量少用手摸脸，早晚用温水洗脸，
被子、床单、枕头、毛巾等要时常保持清洁

4. 选用清爽温和型的化妆品，或者专门针对痘痘肌的产品，妆以轻薄为宜，睡前一定要仔细卸妆，多做补水工作

温和型针对痘痘肌的产品

多做补水面膜，可以调节水油平衡，改善油性皮肤，皮肤也会水水嫩嫩哒！

每个人长痘痘的原因不一样，所以我不会列举网上各种治痘偏方，乱用可能会导致痘痘加重。如果不严重，就按照上面说的好好调理，重要的是心态要放好。如果真的很严重，建议还是去专门的皮肤科对症下药。

初中、高中是长痘高发期，不要太难过，因为我那时候也长好多呢！（为了安慰你们我连自己的痘坑都拍给你们看了！）所以一定要控制，不要乱挤，还有就是放宽心，过了青春期痘痘自然会减少哒！

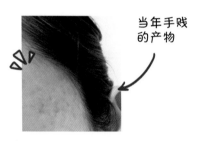

当年手贱的产物

愿每个人都有一张光洁无瑕的脸！

摁死你这死痘子！

面膜的用法

面膜
小知识

想要皮肤时刻
保持良好状态,
面膜敷起来不能懒!

现在市面上的面膜种类有很多，
不同的面膜使用方法也是不同的。

下面就给大家小科普一下关于面膜的小知识吧！

问：贴完面膜到底要不要洗脸呢？

感觉洗了又
怪浪费的……

油腻腻

油腻腻

答：根据自己的肤质来定，但建议还是用清水洗下比较好。

干性皮肤可以用化妆棉
蘸化妆水擦拭掉多余的精华，
再拍打，直至吸收。

VS

油性皮肤是一定要洗的，
不然脸上残余太多精华，
脸会更油，还会闷痘。

如果你是干性皮肤，皮肤不是敏感容易长痘类型，
用睡眠面膜是可以敷着睡觉的（皮肤好，任性）！

睡觉尽量不要侧身，
不然……

你懂的

睡眠面膜最好能在 6～8 小时内做脸部清洁，
否则过夜的面膜可能会引起皮肤长痘痘，
阻碍肌肤的正常呼吸和代谢。

天啊！

叫你睡那么晚，
都下午一点了！

问：面膜敷多久最合适？

这个那么贵，
一定要让它
在我脸上待久点。

答：千万不要贴敷太久，不然效果会适得其反！

一般敷面膜时间
控制在 15 ~ 20 分钟。
尤其是贴片面膜，
如果等面膜水分蒸发后，
面膜会反过来吸收皮肤水分，
这样等于白贴······

越贴皮肤越干
是怎么回事？

而撕拉式面膜就另当别论了，
可以等干了再撕掉，
再用清水清洗残留。

想要一直保持好皮肤，护肤时就该把面膜作为常备产品

1. 可以作为应急补水，化妆前贴下，或者前一天晚上贴

妆容服帖，
皮肤状态
瞬间好到炸！

2. 每周做 2～3 次面膜，皮肤时刻水当当

天天做面膜可能
会给皮肤造成负担，
最多隔一天做一次就好。

3. 如果不想用面膜，用化妆水浸湿化妆棉，
然后贴脸上，照样可以替代

方便省时，
这个倒是可以天天贴。
贴完直接抹护肤品
不用洗。

最后，记得敷完面膜洗脸后，一定要再涂抹一次爽肤水和清爽型乳液或者面霜，这样才能完整地实现护肤效果！

效果：锁住面膜精华

如果没后续保养，
觉得做完面膜皮肤很好了
就直接去睡觉，那么在睡觉中
皮肤的水分和养分
照样会流失······

没有丑女人，只有懒女人，
该护肤的、该化妆的都不能偷懒，
愿每个人都越来越美！

喷雾的用法

喷雾的用法

保湿，才是护肤
的头等大事！

上一篇讲了护肤的问题，
这篇跟大家介绍个功能性很好的东西，
它不仅和护肤有关，也跟化妆有关。

它就是……

喷雾

它有非常多的用法，
下面就跟大家列举一下吧！

1. 洗完脸，保养前喷

喷完用手拍打直至吸收，
再上保湿品，能更好地锁住水分。

2. 保养完，上妆前也可以喷（与第一步二选一）

水　精华　乳液/面霜

可以促进保养产品的吸收，
让妆容服帖、不起皮！

3. 化完妆喷，起到保湿定妆的作用

←—20 cm—|

喷～

千万不要
直面喷，
会冲花妆。

离远些，喷头向上
喷完头凑过来，
让水均匀地洒在脸上。

4. 补妆前喷，可以让补妆效果更好

均匀地在脸上喷一层喷雾，　　用化妆棉或者纸巾　　　之后上妆就像早
　　　　　　　　　　　　　按压擦拭皮肤，　　　　上刚上妆一样！

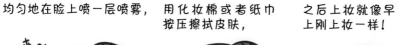

喷～

按
按

喷后可以让油脂及
脱掉的妆更容易擦下来。

5. 喷雾可以当补水面膜来用

将其倒在化妆棉上，

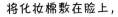
将化妆棉敷在脸上，

起到保湿镇定的作用。

6. 喷在过敏或者晒伤的皮肤上，有舒缓镇定的作用

对付过敏皮肤的喷雾得是比较温和的类型，
不添加太多化学成分的那种。

晒伤　　　　过敏

or

7. 辅助化妆作用

上底妆会用到海绵蛋，
有时候懒得洗就直接喷上喷雾，
湿湿的海绵蛋可以让妆容更服帖持久。

点
点
点

8.总之，常备一瓶喷雾，随时都可以喷

长时间坐在空调房、电脑前，
皮肤受辐射伤害，干燥缺水。

随时拿起来喷一喷，

喷~

皮肤立刻水润润！

叮

不过喷雾喷完，如果周围空气特别干燥，
那水分很快就会被蒸发掉，皮肤会显得更干！

过一会儿等皮肤
吸收一定水分后，
赶紧拿纸巾把剩下
多余的水分吸干。

这样皮肤就不会
有紧绷感啦！

一瓶喷雾有那么多用处，还不快给自己备一瓶，
记得选择可靠的品牌哦！

07

化妆刷的用法

化妆刷
的用法

好刷如好笔，
能助你化出更美的妆！

以前化妆为了图快，都是直接用手来。

自从开始使用化妆刷，觉得开启了新世界大门！

首先，看看化妆工具有哪些吧！

一、底妆类

美妆蛋   扁头粉底刷   斜头粉底刷   圆头粉底刷

毛比散粉刷要短很多

二、眉毛类

眉粉刷   眉毛梳   修眉刷

也可以作眼线刷

有时候用它梳理睫毛

三、眼影类

大眼影刷   小眼影刷   晕染刷   过渡刷

四、蜜粉刷

腮红刷　　　　　　　　　散粉刷

这是在脸上打圈　　胖　　这是在脸上滚动　　瘦

五、修容类

鼻影刷　　　阴影刷　　　小高光刷　　　大高光刷

比散粉刷要小一点点

六、遮瑕类

遮瑕刷

长的遮瑕刷也可以当作唇刷

大小遮瑕刷
大的遮整个黑眼圈位置
小的遮泪沟或痘印斑点

以下是我平常用到的刷子，

接下来就向大家详细介绍每个工具的用法吧！

一、底妆篇

底妆指你上粉底、BB、隔离、遮瑕等步骤，
下面介绍我用过的底妆工具。↓↓↓

美妆蛋用法:

长这样　　先将它　　挤去　　在脸上点上粉底，
　　　　冲水浸湿　　多余水分　用美妆蛋快速点开

最近比较喜欢用美妆蛋，因为能让底妆更服帖轻薄。
唯一的缺点是麻烦，用前要浸湿，还得经常清洗。

扁头粉底刷用法:

长这样　　将粉底液挤在手背上，　直接快速
　　　　粉底刷蘸取　　　　　　刷在脸上

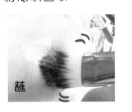

圆头、斜头粉底刷的用法:

长这样　　将粉底液　　然后用刷子快速
　　　　点在脸上　　点开或向外刷

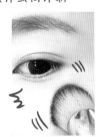

二、眼妆篇

眉刷的用法：

长这样

眉粉有 3 色，
中间浅色画前面，
深色画后面，
这样画出的眉毛
才会自然！

画眉头时刷子横着，画眉尾时刷子竖着

横面

竖起

眼影刷的用法

完整眼妆中，眼影至少需要 3 支眼影刷

长这样

一支大些的
用来上底色
或者主色调

一支稍微短的
用来过渡尾部
和画下眼影

一支小些的
画卧蚕或者
眼头、眼尾一些
小面积的部分

用眼影刷画眼影的基本步骤

最近发现，用眉刷画
卧蚕底部是极好的，
只需轻轻带过即可。

铺底

主色

加深

卧蚕

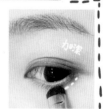

加深

三、修容篇

阴影刷的用法

小一点的刷子打鼻影　　　　大一点的刷子打脸颊侧影

长这样

笔横着画
山根两侧

笔竖着画
鼻梁两侧

大面积
脸部需要
修容的地方

用手把笔
捏起来可以
修饰下巴

高光刷的用法

小刷子画鼻梁，大点的刷子上高光

长这样

可以画鼻梁、
眉骨、卧蚕等
地方的高光

长这样

可以画额头、
苹果肌、下巴
等地方的高光

长这样

长这样

大的、圆的用打圈方式，
椭圆、长的用来回滚动
点压方式

or

四、遮瑕篇

遮瑕霜的用法

长这样　　把遮瑕膏刷到需要的地方

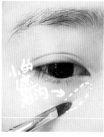

长这样的唇刷
也很好用

以上这些就是我平常在用的化妆刷，
每次用都有种在脸上画画的感觉。
化妆其实也是一种艺术，化腐朽为神奇！

如果嫌麻烦的话，日常可以直接用手指代替啦！

08

如何做一个标准的
"照骗"女神

网红拍照秘籍!

1. 找寻一切可以修饰脸形的东西

2. 避免暴露自己的缺陷

3. 偶尔展现一下自己性感的一面

4. 即使只有一米五，也能拍成大长腿

其实蹲下来就可以

5. 精通各种修图软件

6. 暖光比冷光照起来更好看

7. 想要文艺范儿，不要看镜头

8. 懂得找美景拍照

构图、选景很重要！

9，女神标配：自拍神器，最差也是水果手机

最后放上一张示范美照！

本篇纯属娱乐 ☺

化妆小技巧

化妆小技巧

小技巧是在化妆过程中慢慢摸索和积累出来的！

一、基础篇

问：当涂睫毛膏或者画眼线时，不小心弄脏眼睛咋办？
答：用棉签蘸乳液，一般都可以擦掉啦。

这时候，
你只需要拿个棉签，
蘸取一点乳液……
（你平常用的都可以）

涂在弄脏的地方，
之后用纸巾把
多余的乳液擦掉。

最后拿粉扑在
刚才的位置按几下。

按
按
按

补妆.定妆

搞定

污渍

duang

一下子
不见了呢！

用卸妆油擦
会让脸油油的，
也可能会晕妆，
用乳液就完全不会
有这样的困扰啦！

问：正确的化妆顺序是什么？
答：没有非常严格的化妆顺序，按自己喜好就行啦！

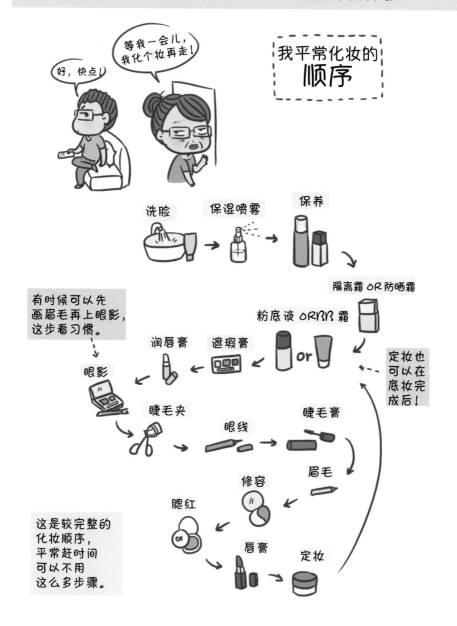

化完妆以后……

BEFORE　　AFTER

好啦!

尼玛……这是连亲爹都认不出来的节奏啊……

女人真麻烦!
但是呢，当你发现通过化妆
让自己更漂亮时，
再麻烦都值得啦!

另外特别强调!

嘴唇干燥爱起皮的妹子，上完底妆以后
一定要记得先涂一层润唇膏!
之后再化其他地方的妆，
最后涂口红时，嘴唇肯定是滋润的!

必须的!

二、眼妆篇

问：眉毛太少、睫毛太稀咋办？
答：用睫毛增长液每晚刷睫毛和眉毛。

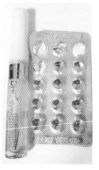

为了效果明显些，
我戳破了几粒VE胶囊，
滴到睫毛增长液里，
偶尔晚上睡前涂下，
感觉眉毛和睫毛
真的密了些……
（效果因人而异）

裸眉和裸眼

还有，如果你睫毛膏快干了，可以往里面滴几滴
睫毛增长液或VE胶囊，又可以继续用，又可以让睫毛增长，
一举两得哦！

问：怎样画好眉毛？
答：前提是修一个适合自己的眉形，多练习，力度控制好。

笔拿倾斜，笔头向前，顺着眉毛生长的方向**均匀**往后画！

眉毛的画法详见本书《眉毛的画法》

眉刷很重要，一定要备。
画前画后都要梳理清楚，
眉毛才会整齐漂亮！

问：由浅至深、超自然立体的眉毛怎么画？
答：你可以买深、浅两支眉笔或一盒眉粉＋一支眉笔搭配着画。

经常看到有人画这样的眉毛

颜色过重或形状奇怪

两支眉笔搭配　　眉笔、眉粉搭配

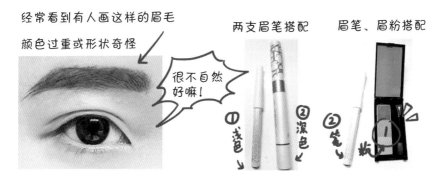

很不自然好嘛！

① 浅色 ② 深色 ② 笔 ① 粉

画法

1. 前半段眉毛用
浅色眉笔或眉粉画

2. 后半段眉毛用
深色眉笔画

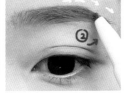

3. 之后拿小刷子刷整齐

超自然、由浅至深的眉毛就画好啦！

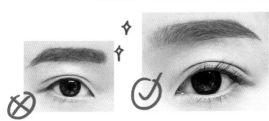

眉头可以用手抹自然

当然，如果你能把握好笔的力度，
可以不用那么麻烦，直接一支眉笔搞定！

画习惯
就很轻松了

问：怎样画出浓密的、根根分明的眉毛？
答：快干的睫毛膏不要扔，画完眉毛刷一刷就好啦！

你会不会喜欢欧美模特那样
清晰、根根分明的眉毛？

准备一支用完
快干的睫毛膏。

快干的睫毛膏不容易涂重，
也不会使睫毛粘连结块。

刷的时候注意刷子不要碰到皮肤

效果：

BEFORE   AFTER

   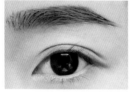

刷   刷
刷 刷

适合眉毛稀少过浅，
或者追求浓眉的妹子，
可以配比较霸气的妆容。

如果你有染头发，也可以选择和发色对应的染眉膏！

1. 先顺着眉毛的生长方向整体刷几遍

2. 再逆向刷几遍

3. 眉毛理顺，完成

眉毛是体现整个人气质、气色的关键，所以眉毛一定不能太随意。

问：如果时间很赶又想把眼睛画好看咋办？
答：画完眉毛直接拿眉笔当眼影、眼线笔。

那么……当你涂好底妆后，

先画眉毛！

只需要一支眉笔！

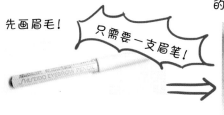

然后用眉笔在眼皮上画粗粗的一条眼线，边缘晕染开。

如果还有时间，就涂下睫毛膏，一只炯炯有神的眼睛就画好啦！

素眼

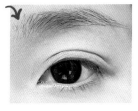

VS

只用一支眉笔和睫毛膏化的眼妆

眼尾也有画一点点

是不是效果还可以？
（缺点是：为了显色，眉笔要画重些，画起来会有点拉扯感。
如果时间充裕，还是用专门的眼影、眼线笔吧！）

问：眼睛附近容易出油，眼线、眼影易晕染咋办？
答：可以用眼部打底膏，或者眼角下方多压一遍散粉。

1. 用眼部打底膏上一层

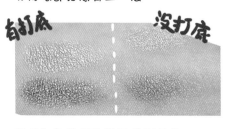

用眼部打底膏比没用的更显色，
眼妆更持久，不容易晕妆，
适合爱出油或者需要长时间带妆的人！

2. 眼角周围爱出油的地方
用散粉或粉饼再按压一遍

问：实在画不好眼线咋办？
答：就拿深色眼影代替吧！

用这种扁平的小刷子
蘸取深色眼影，

沿着睫毛根部画一条线
然后把边缘稍微晕染开。

一条超自然流畅的眼
线就完成啦！

（眉刷也可以用作眼线刷）

想要你的眼线更持久的话。
画完眼线，在上面叠加层
眼影也是可以的哟！

化妆误区

化妆雷区不要走!

鬼啊!

一、底妆问题

相信很多人都羡慕电视上明星粉嫩无瑕的皮肤。

于是就拼命往脸上涂粉，以为涂得越多，皮肤显得越好。

殊不知这样会适得其反，整张脸就跟戴了面具一样。

想要轻透的底妆效果，最重要的是皮肤底子要好，
与其花工夫去拼命遮盖，不如从内而外地保养。

底妆的
重点

① 早晚记得护肤
② 少熬夜，多喝水
③ 注意饮食和生活规律
④ 妆前做好保湿隔离工作
⑤ 睡前妆要卸干净
⑥ 隔段时间做一下面膜护理

选用适合自己的底妆
用品，从颜色到质地。

清楚自己脸上瑕疵的
分布状态，着重遮瑕。

黑眼圈

痘印

然后日常选用 BB 霜或者轻薄的粉底，再扑一层散粉定妆。

就可以啦！

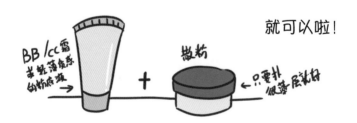

BB/CC霜
或轻薄质感
的粉底液

散粉

← 只要扑
很薄一层就好

二、眉毛问题

经常看到很多女生眉毛画得生硬、不自然，

比如这样　　　　这样　　　　还有这样

眉色过重无过渡　　　形状奇怪　　　眉形老气，
　　　　　　　　　　　　　　　　边缘痕迹明显

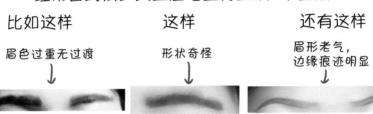

 ···· 等等，就不一一列举了……

比较自然的眉毛是这样画的（当然眉形还是要看个人）。

眉头自然过渡

整个眉毛的颜色
均匀，线条柔和流畅

弱化笔画，
边缘不明显

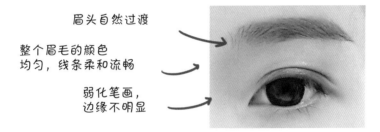

画的时候手法一定要轻！
否则重的一笔下去……
就很难挽回了……　　　⇒

所以建议新手选眉笔的时候选颜色稍浅的，或者用眉粉画。

眉粉不容易出错，
但是要比眉笔耗
时多一点点。

画完用手指把眉头抹自然，　　然后用刷子把眉毛刷整齐。

如果不清楚自己的眉形该怎么修，可以参考下图。

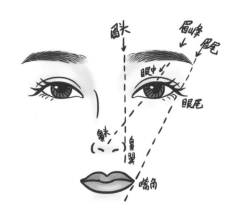

图里的 3 个地方要大致对齐（就是约束眉毛不要画太靠前和眉尾不要画太长）

眉毛常常在眼妆中起到关键作用。实在控制不好笔的力度，可以试着在纸上（或脸上）多练习。

化妆跟画画一样，不是说工具多好就能化多好。
（虽然也有点关系）
但主要还是练习技巧，
熟能生巧啊！

三、眼影问题

如果你是化妆新手，不知道要画什么颜色的眼影时，选用棕色系是最万无一失的，俗称大地色。

也非常
适合日常妆

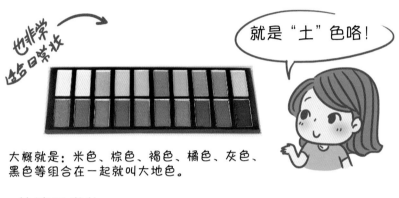

就是"土"色咯！

大概就是：米色、棕色、褐色、橘色、灰色、黑色等组合在一起就叫大地色。

快速日常妆

 只用一种颜色即可直接抹在眼皮上

懒人最爱

完整约会妆

大概需要四种颜色

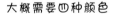

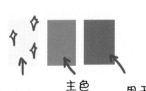

也可以是不同色系混搭

提亮色
用来打亮
眉骨、眼头

打底色一般我喜欢用亮闪闪的那种

主色

用于眼尾加深

109

① ② ③ ④ 涂眼影的正确步骤

一、整个眼皮
用亮一点的
颜色打底

二、用主色系
从尾部和底部
向外围过渡

三、眼尾用
暗色加深

四、提亮眉骨、眼头，
压暗下眼睑尾部

眼影的颜色不要乱用，建议日常妆就不要用彩色眼影了。

红色系
或橙色系
↓

紫色系
↓

蓝色系
或绿色系
↓

黑色系
↓

红色系化
桃花妆的时候用，
橙色系给人
活力的感觉

比较妩媚的颜色，
适合酒会、
晚宴什么的

适合舞台妆
等夸张的造型

烟熏妆
适合夜晚派对，
白天就太过
浓烈了

眼影一定要过渡均匀……否则……

跪了

四、眼线问题

1. 不要忘记内眼线，　　不然眼皮间有缝隙就不好看了

手轻拉
眼皮

填满睫毛
空隙

2. 不要画得太粗

如果是
双眼皮，
眼线至少
要与双眼皮
之间留出一
点位置

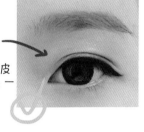

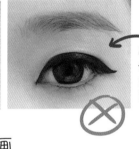
画太粗的
话就跟单眼
皮一样了，
而且显得妆浓

3. 日常妆下眼线最好不要画

不然会
显得妆很浓，
即使你也
没怎么涂眼影

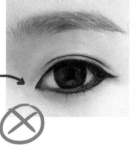

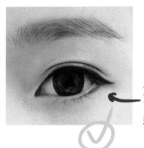
顶多画下
下眼尾线
就好了

如果时间赶，实在画不好眼线，只画内眼线即可。

4. 单眼皮眼线的画法

以睁眼后的
位置为主，
画在眼皮上方
（闭眼后可能看
到眼线会很粗）。

效果 →

一般眼线的画法应该是这样

大概是先画出轮廓来，再填充。

① ② ③

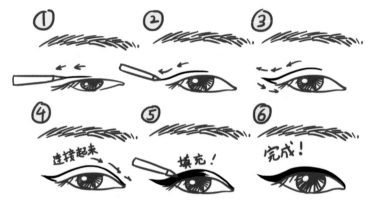

④ 连接起来 ⑤ 填充！ ⑥ 完成！

如果要画很细的眼线，在画轮廓的时候紧贴着睫毛根部画。

① ② ③ 但还是要填充
睫毛间的空隙
和内眼线

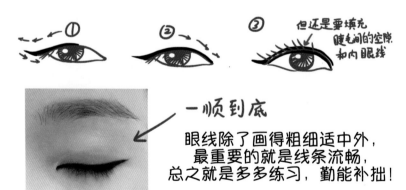

一顺到底

眼线除了画得粗细适中外，
最重要的就是线条流畅，
总之就是多多练习，勤能补拙！

五、睫毛问题

夹睫毛时注意不要太用力，因为这样很容易把睫毛夹掉。

正确夹睫毛法是从根部夹起，手一紧一松地渐渐往上，并反复几次，使之呈现自然弧度。

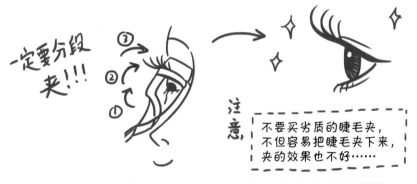

涂睫毛膏时，不要因为过分追求浓密，结果变成苍蝇腿……

六、阴影问题

很多女生过分追求五官的立体感，会把鼻影画得很重。

晚上出去玩，
化浓点没事。
白天就显得
妆很重且怪异。

毕竟不是舞台妆……

阴影最重要的是自然，起到修饰作用而不是强调作用。

日常妆只要画鼻影就好

① ———————— 高光色

② ———————— 修容色

一定要少量

如果临时没有修容粉，
用眉笔轻轻在鼻梁两侧
画几笔再晕染开，也是可以的。

修容的方法，详情看《化妆整形法》

总之一句话：修容最重要的是自然，
不然很容易显脏！

七、高光问题

很多美妆博主会在妆化完的时候用高光粉打亮以下部位，或者全脸使用有珠光感的散粉。

主要打在这些地方～

这样会让皮肤显得光洁有质感，且超级立体没错！
也是正确的提亮位置没错！

但并不适合每个人！

你可以去夜店之类的光线昏暗或跳跃的地方用，

约？

也可以专门在拍照的时候用。

耶！

如果你皮肤不是特别特别好的话，还是不要尝试了。

天啊!!!

走吧~

比如我有一次出去玩，学着往脸上上了些高光，结果发现这样不但会放大自己皮肤的缺陷，还会让毛孔显得更大，皮肤更油……完全不堪入目……

所以，慎用！

八、腮红问题

腮红一定要控制好用量，不要涂红红的一大坨。

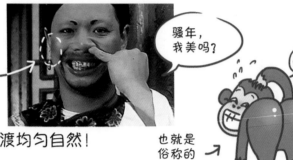

否则
会变这样

骚年，
我美吗？

嘻

而且要过渡均匀自然！

也就是
俗称的
猴屁股

如果新手控制不好的话，
可以选用大一点的刷子，
而不是用配的小刷子。

刷的时候记得微笑，
均匀地刷在鼓起来的脸蛋儿上。

好刷！

腮红是化妆必不可少
的一步，涂好腮红，
人也显得气色好，
反之……

底妆太白，
不画腮红，
人会显得
很不健康

毫无生机

腮红的颜色最好与口红颜色相对应

粉色系　　　珊瑚红　　　橘色系　　　大红色系

不要突然用橘色的唇膏
配粉色腮红之类的！

另外，当你涂大红唇的时候，腮
红的颜色要适当弱化。

颜色
不统一

突出红唇

腮红除了显气色，还可以修饰脸形！
（什么脸形配什么样的腮红形状）

长脸
往横向涂
会显脸短些

圆脸
斜向下涂会
显得脸瘦些

菱形脸
涂在整个颧
骨上弱化颧
骨高度

方脸
斜向下涂，
面积可以涂
长些，目的
是让脸显得
尖些

瓜子脸
可以涂圆形
或者任何形
状

九、唇妆问题

做好唇部保湿,经常涂涂润唇膏。

每天睡前涂一层厚厚的润唇膏,

不然每天起来
嘴唇干得跟鬼一样。

如果嘴唇干还要强行涂口红,
只会变成下面这样

惨不忍睹!

所以当你嘴唇很干时,
一定要记得先涂层润唇膏
再涂口红,效果会好很多!

涂完润唇膏

→

口红

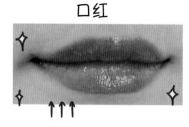

立刻补救

另外,嘴唇干直接体
现为身体缺水,所以
每天一定要多喝水!
皮肤、嘴唇才会水当当哦!

很重要

眉毛的画法

眉毛在眼妆中尤为重要

我稍微举几个例子

我平常画的眉毛　　　韩式平眉的效果　　　挑眉的效果

眉毛画得好不好，直接关系到整个人的感觉、气场。

所以首先，你必须学会修出一个适合自己的眉形来！

眉毛与五官的比例
大概是这样

自然的眉毛是

1. 眉头自然过渡
2. 眉色流畅，笔触不生硬

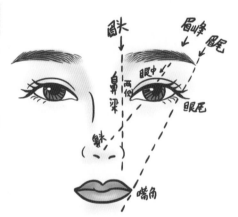

不同的脸形适合的眉形

鹅蛋脸
适合各种眉形

标准脸，
所以就可以想
怎么画就怎么
画！脸形好，
就是任性！

圆脸
适合挑眉

脸圆圆短短，肉
多。可以把眉峰
挑高，这样人显
得更有气质，脸
也会显得长些。

方脸
适合线条柔和的柳叶眉

方脸，脸部轮廓
已经很硬朗清晰
了，眉毛就可以
画得柔和些，弱
化整个脸部轮廓，
显得人更易亲近。

长脸
适合平眉

长脸的人把
眉毛画平一些，
多少会在视觉上
缩短脸距，
人也清纯可爱些。

平眉

这边建议，
以实际画出来顺眼为主，
多尝试，总会找到最适合
你的眉形哒！

是的，
长脸代表就
是我……

好像也并没有
多大的作用……

一般修眉的方法

1. 用眉笔画出适合自己的眉形

2. 多余的眉毛拔掉，长的眉毛剪掉

剪 拔

3. 梳理整齐

完成！

一条没修的杂眉

修眉用到的工具

眉笔 镊子 眉梳
小剪刀

只要修出适合自己的眉形，后面长出来就很好修了，画的时候就直接按这个形状画就好。

画眉形的时候可以画重些，以便在修的时候看清楚，如果不合适就擦掉重画，直到画出你觉得满意的眉毛！

（另外如果你不喜欢用拔的，直接用刮的也行）

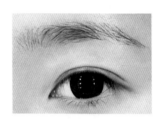

所以修眉的重点是：先画出适合你的眉形！不要在杂眉上直接刮、直接剪，很容易出错的！

为什么看到网上很多修眉教程直接上刀子……修错了哭都来不及！

如果实在手残……可以去卖化妆品的地方，有专门帮忙修眉的……

常见的三种画眉毛的方法

1. 修好的眉毛，心中有形

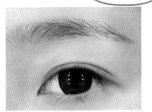

2. 笔倾斜，从头画到尾，用力均匀，眉头自然过渡

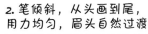
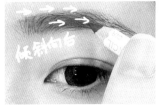

3. 画到眉尾，笔的方向向下，细尖收尾

4. 完成

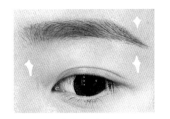

这是我平时画的眉形，如果你画顺手了，日常直接一支眉笔搞定，方便又快捷！想要更自然的效果可以用眉粉画。

常见直眉分析图

眉头至眉峰略微倾斜

眉尾自然向下

眉尾长度大概和眼角呈 45 度

常见直眉效果图

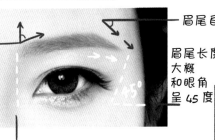

二. 轮廓填充式（适合画清晰轮廓的眉形）

1. 裸眉

2. 画出你想要的轮廓，线条不能画得太锐利

3. 用同色系的眉笔或者眉粉填充

填充
均匀

4. 完成

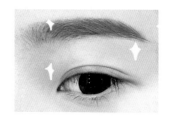

轮廓填充很适合画韩式的平眉

平就是十字!!

画上面轮廓线的时候一平到底

上下轮廓线平行，略微画粗些，然后填充

大致水平

新手可以拿参照物比着画

如果眉形不是平眉的形状，可以头尾补齐

补齐的区域

实在手残，就用眉卡吧……

最笨的方法

三、定点连接式 （适合对位置没有概念或者眉毛细小或者眉毛稀少短缺的人）

1. 定出眉头、眉峰、眉尾的位置，参照前面眉毛与五官的比例

2. 先把眉尾画好

3. 从眉头向后连接补齐

4. 完成

定点连接式也非常适合画挑眉、弯眉

成熟干练

首先定出眉峰和眉尾的位置

再定眉头位置，从眉头画到眉尾

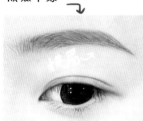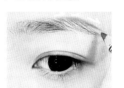

平眉不一定适合所有人，挑眉也一样，多尝试找到最适合自己的才是最重要的！

挑眉示意图

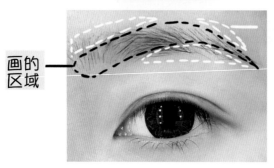

修剪
提亮
的区域

画的
区域

挑眉的边缘用遮瑕膏
清晰轮廓，人也显得更加精神！

挑眉效果图

三种最常见的眉毛画法和眉形示范到这里就结束啦！

祝你们都能画出最适合自己的眉形！

化妆整形法

相信很多人对自己的外貌都不满意

其实只要不是特别大的问题，靠一些化妆技巧
完全可以让自己看起来更漂亮呢！

虽然不能从本质上改变，但从视觉上已经让你
变得和以前不一样了

下面我整理了一些常见的问题，
一起来看看怎么解决吧！

问：嘴唇太厚怎么办？
答：试试韩式咬唇妆吧！

没涂东西的嘴

① 用遮瑕棒
涂满整个
嘴唇边缘

这步等于给整个嘴唇
打底，修改原来的颜色

② 再用手指
将遮瑕膏
晕染自然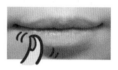

然后用偏艳一点的唇釉或口红涂嘴唇中间
（不要选颜色太浅的，因为嘴唇本身就没啥颜色，再浅就没有渐变的效果了）

用唇釉比唇膏相对不会干

 有点可怕

如果你想要渐变效果更明显的话，
可以往嘴唇内侧再涂一次

用手指向外晕染开

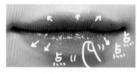 点 点

或用
棉签
晕开

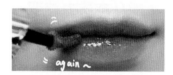 again～

稍微抿下以后，韩式咬唇妆就画好啦！
原理：颜色从嘴唇内侧向外扩散，并且弱化了嘴唇边缘，视觉上嘴巴就变小了呢！

 before

VS

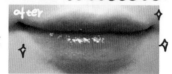 after

问：那么嘴唇太薄怎么办？
答：唇膏往外涂一点点，做出立体饱满感。

将唇釉涂满嘴唇，
适当地往唇线外涂一点点。

记得过渡开

再用唇釉加深嘴唇
内侧和嘴角边。

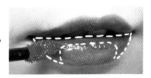

工具可以有很多选择！

用浅色唇膏和唇彩
涂嘴唇中央↷

用遮瑕笔和亮色的笔
提亮唇峰↷

好啦，让嘴唇看起来丰满的唇妆就画好啦！

一个是厚嘴唇，一个是薄嘴唇，你更喜欢哪一个？

适合薄嘴唇

适合厚嘴唇

VS

日系妆、
欧美妆很
喜欢画厚
厚饱满的
嘴唇！

咬唇妆，
韩系妆
最爱！

鼻头太大

主要在鼻头两侧打

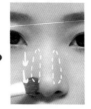

鼻子太塌

主要在鼻梁两侧打

如果鼻头又大，鼻子又塌，就上下一块打。

BEFORE

AFTER

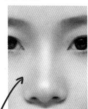

别忘了在鼻梁上点高光

然后你每次看到
自己的照片……

哎呦，原来我的
鼻子挺好的啊！

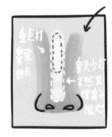

打鼻影最重要的是
控制力度，太轻，
起不到效果；太重，
妆容会显得浓且不
自然。

错误案例 →

小提示了

如果你鼻梁太高、太硬朗，
可以在打鼻梁两侧阴影的
时候顺便在鼻头上轻扫几下，
鼻子也会变得更俏皮可爱呢！

很多人以为打阴影
就是在脸外打一圈就好了，

这是错的！

阴影是分阶段、
有针对性打的

正确打阴影的顺序和区域

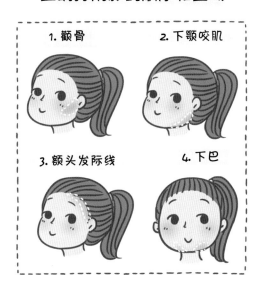

1. 颧骨　　　　　2. 下颌咬肌

3. 额头发际线　　　4. 下巴

打阴影的位置分析

打颧骨侧影时，
嘴巴可以如下动作，
方便找出颧骨
以下位置，往内扫

接下来打下颌
咬肌位置，打的
时候刷子一半是
刷在脸的折角以下的

用阴影
填充发际线，
可以让头发
显得更多，
也有减龄效果

想让下巴尖点，
刷子斜着刷在
下巴两侧

修容完后，大家看看脸是不是变得很立体了呢？

BEFORE

AFTER

脸瘦了有没有？

鼻子之前是有打阴影，所以显得很挺。

腮红可以让颧骨上方和颧骨下方的阴影衔接得更自然。

（还是那句话，不要打太重，自然最重要。）

这边再复习下需要修容的地方。

提亮区域

阴影区域

一些小区域，比如鼻翼两侧、嘴角两侧可以用亮色遮瑕膏提亮

多练习，多试验，一定能找到最合适你的修容方式！

修容工具有粉质的，也有膏质的，建议新手用粉质的，膏质的很容易下手重。

小提示：
修容位置不是别人修哪里你就修哪里，而是根据自己脸形和特性修！
日常不需要修太多，夜晚聚会活动什么的，或是打造混血妆容时可以尝试去修下！

改变眼形化妆法

怎样可以不动刀
就能改变眼形呢?

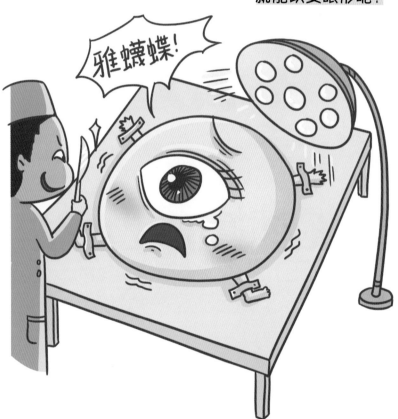

是不是很多人都想拥有漂亮的大双眼皮？
可惜咱们亚洲人更多的是单眼皮、内双和大小眼……

有
贴

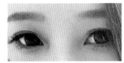

有没有贴双眼皮贴，
化起妆来真的差很多！

没
贴

比如我是内双，
如果没贴双眼皮贴，
画上眼线完全就是单眼皮了……

想让眼睛更好看，完全可以靠双眼皮贴以及
化妆技术来改造，下面介绍 5 种常见的双眼皮贴，
看你适合哪种？

1. 胶带式双眼皮贴

点评：最常见也是最原始的双眼皮贴，
　　　能很好地定型并且保持时间久。
建议：在眼妆之前贴，剪出适合自己的形状，
　　　找准位置，贴前擦去眼皮油脂，
　　　最后用眼影遮盖。
缺点：隐形方面差。

没贴　　　　有贴　　　　　闭眼效果　　盖上眼影

不管怎么涂还是会看出来

2. 胶水式双眼皮贴

点评：有点类似双面胶的双眼皮贴，
　　　涂好后还要等胶水干了再定型，
　　　否则容易弄脏眼皮。
建议：眼妆之后涂，不然眼影粉如果
　　　盖到胶水上容易让胶水失效。
缺点：麻烦，时间久，不好卸妆。

使用步骤：

①找好位置，
在眼皮上涂一层胶水，
用手扇扇加速晾干

②固定形状，
这样的动作保持
半分钟到一分钟，
一定要完全干才行

③双眼皮成型！
像不像割出来的？

④闭眼效果
只有一条
闭合的线

这个效果好是没错，但真的很花时间，技巧性强，另外敏感皮肤慎选！

3. 纤维式双眼皮贴

点评：非常非常隐形，但因为它很细，
　　　所以对位置要求很精确，对人也很挑剔。
　　　优点就是不像其他双眼皮贴一样经常贴会
　　　让眼皮松掉，这个经常贴还会有定型成
　　　双眼皮的可能（因人而异）。
建议：眼妆之前贴，需要反复练习。
缺点：只适合眼皮很薄的女生，
　　　保持时间短，容易松掉，适合淡妆。

使用步骤

①取一根纤维条，
从两边拉开，
找好位置，
勒到眼皮上

②小剪刀沿着
眼皮的边缘把垂下
来的剪掉，小心别
剪到肉！

③双眼皮成型

④闭眼效果，
只是隐约看
到一条小细线

这个效果也好，但是需要一定的技术含量，我每次贴都贴很久，
而且两边线容易翘起，还得防止剪到肉。

4. 双面胶式双眼皮贴

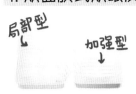

局部型

加强型

点评：这是我近期一直在用的，
　　　效果好又很方便，一次成型，
　　　对自己眼皮没信心的可以选加强型的。
建议：眼妆之后贴，与胶水一样如果碰到
　　　眼影粉就会失效，
　　　如果眼影涂太厚的话，
　　　就贴一次撕下来再贴一次。
缺点：贴不好两边露出来容易看出来。

使用步骤

①选好位置贴上，
然后撕掉上面的纸

②用手撑出形状，
双眼皮成型

③闭眼效果，
也只是一条闭合的线

5. 蕾丝式双眼皮贴

点评：双眼皮贴的升级版，
很多美妆博主和化妆师都在用，
隐形效果非常好，容易撕下来。

建议：眼妆后贴，贴前剪出适合的形状。

缺点：比较花时间，因为蕾丝很软，
支撑力不够强，不适合眼皮太厚的人。

使用步骤

①剪出合适的形状，
把蕾丝涂上一层胶水

②贴好后
闭眼效果

③涂上眼影睁眼效果，
一般在眼妆之后贴

④闭眼效果

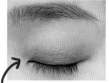

总结：

如果你想有大双眼皮，如果你想变美，真的要付出很多的时间和精力！
（比如我为了找能贴好双眼皮的方法，已经把所有双眼皮贴都试过了）

化妆不是别人怎么化你也怎么化，
而是不断在学习中，不断在自己脸上试
验中找到最适合自己的方法。

加油吧！
少女们！

提醒：双眼皮贴还是不要天天用，用多了眼皮会
松，可以只是约会、聚会、活动的时候用。

接下来，我来回答关于眼睛化妆的方法问题吧！

问：眼距太宽怎么办？
答：试着画眼角吧！

请看这张图，其实我俩眼间距都是一样宽的，
从左眼看到右眼需要一分钟的那种

可是为什么这张照片看起来
她的眼间距宽而我不会呢？

因为那天
我刚好画了
内眼角哦！

心机

内眼角一定要画得很细很细，最好内眼角下面也带过一点

BEFORE   AFTER

画这里

不要贪心，画一点点就够，不然给人很妖的感觉

放大给你们看

千万不要画成埃及艳后哟！

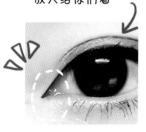

建议：
眼角位置容易晕染，
所以最好用防水
的眼线液笔画，
要画得非常仔细，
手残星人还是悠着点吧！

躺枪……

143

问：眼距太窄怎么办？
答：把眼线往外画点就行了。

画的时候把眼线往外画些，不要画太翘，然后上下眼影跟上。

白色虚线位置
眼影加重

视觉上真的有往外拉有没有？

BEFORE　　AFTER

如果你脸特别大、特别圆的话，将眉尾和眼尾、眼线和眼影拉长，会让脸看起来小很多哦！

BEFORE　　　AFTER

阴影打了脸更小

问：眼皮太肿怎么办？
答：避免用闪亮的眼影，亚光的颜色最适合了！

用这两个颜色

面积可以画大些

之后用眼影画以下位置

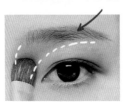

最后画上眼线，是不是眼睛变深邃了？

BEFORE　　　AFTER

加强眼睛深邃的地方，也是化妆常用的方法，不管眼睛肿不肿都可以用。

很多人苦恼自己眼睛太小，没关系！
我来为你演示通过化妆，眼睛是怎么一步步变大的吧！

一级变大

最初级的画法，适合日常妆。

裸眼　　　　　　（睫毛夹，眼影，　　　　如果眼睛是内双，
　　　　　　　　　眼线，睫毛膏）　　　　或者单眼皮，眼线
　　　　　　　　　　　　　　　　　　　一定要画得很细才行

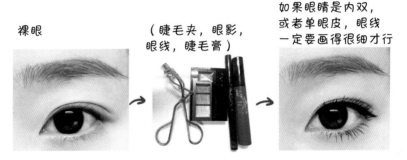

第一级就是把本来无神的素颜变得有神，睫毛可以让眼睛有放射感。

二级变大

把眼皮变双，很大程度上能让眼睛变大，让眼妆更完美。

　　　　　　　　　　　　　　　　　　眼睛是不是变大啦？

贴好双眼皮贴，
眼线适量加粗

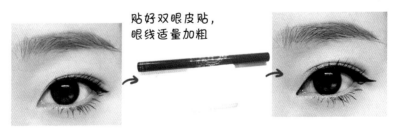

第二级是眼形改造，不管是单眼皮，还是内双，
只要贴好双眼皮贴，眼睛都能变大、变好看。

145

三级变大

假睫毛是完整妆容必不可少的配件，它能让眼睛更大、更魅。

假睫毛选择软梗的比较好贴

下眼影也要跟上

四级变大

现在每次化妆都会化卧蚕，真的能让眼睛变大，
而且有减龄效果，让眼睛楚楚动人，时刻都像在微笑

可以用卧蚕笔，
也可以用提亮眼影
和阴影粉搭配着画。

如果你完全没有
卧蚕，可以像我一
样画出这样的阴影。

如果你本身就有卧蚕，
可以只用很细的眼影刷刷
出一条若有若无的线，
强调下卧蚕底部即可。

记住阴影千万
不要画太重！

阴影底下是过渡的

五级变大

用以下方法就可以有洋娃娃般的大眼睛,适合舞台妆、COS妆,也是杂志女生、日本女生很爱的化妆法。

大直径美瞳、下睫毛、
黑色眼线笔、白色眼线笔

下睫毛我
都是剪一小
段只贴尾部

1.用白色的眼线笔画
下眼线以及眼角的
那块三角区域

示意图

2.勾画内眼角和下眼线,
不要和上眼线重合,
然后把下眼睫毛贴在那条线上

大概就是这么个意思

3.超级日系娃娃眼装完成

VS

十级变大

用几支眼线笔……
把自己改造成二次元眼吧……

你确定你
不是来搞笑的？

眼镜妹妆

眼镜妹妆

即使戴眼镜，
也能美美哒！

记得以前上小学的时候，班上大部分同学都戴眼镜，
而我是从小学六年级，一直戴到大学……

一直觉得戴眼镜是阻碍我变美的一道有力屏障。

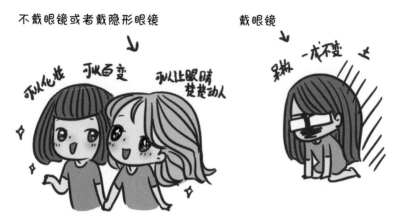

后来上了大学，有了自主权以后就迫不及待地换上了隐形眼镜！

戴了以后才知道，如果长时间戴，眼睛很容易干涩疲惫。

所以很多时候，不得不戴上眼镜……
那么，
怎样让戴眼镜和美丽

共存呢？

跟我一起化个眼镜妆吧！

平时在家画画都是戴下面那种半框眼镜，"书呆子"
气太重，所以这次化妆就戴上面那款啦。

告诉大家一个小秘密：
如果昨晚熬夜，
戴个有框眼镜，
再化个淡妆，
整个人又精神起来了呢！

眼镜可以遮黑眼圈，
亲测有效，还能掩饰
憔悴的脸。

一、底妆

戴眼镜的时候基本就是日常妆了，可以选择比较轻薄的底妆。

BB霜类 vs 粉底类

快速，轻薄   遮盖力好

你可以根据你的妆容要求和时间限制选择不同的底妆

日常不用每天涂粉底液，可以选择轻薄BB霜类的

小窍门

眼镜戴久了，镜架会将鼻梁和太阳穴位置压出印子，
导致出油、脱妆，所以要特别注意这两个区域的控油。

1. 先遮掉黑眼圈

2. 用比较亮的粉饼在眼睛周围多扑几次

作用：

刚好是眼镜框里的区域，
用亮色粉眼影提亮眼周围，
让眼睛即使在镜片下也
不会显得暗沉

用粉饼或散粉按压
出印子的地方，
可以减轻镜架的压痕，
控油，延长脱妆时间

二、眼影

戴眼镜的时候眼影要低调些，最好是亚光的颜色。

不适合的眼影：

鲜艳或过浅　　颜色太重　　BULINGBULING 的眼影

这些特征的眼影不戴眼镜的时候涂都 OK，戴眼镜就会让眼睛显得特别突出，浮肿，妆感重。

亚光涂整片

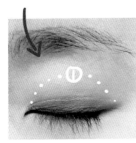

亚光　带闪

1. 用 ① 铺满整个眼皮
2. 用 ② 打亮下眼睑
3. 用 ① 加深下眼角，在卧蚕位置轻轻画出一条阴影

这次用到的两个颜色

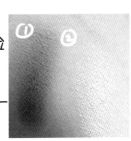

如果没有亚光色眼影，深色眉粉也可以代替！

三、眼线

眼线，眼镜妆不用弄那么复杂，双眼皮贴都
不用贴，眼线一定要画得很细。

1. 用眼线胶笔沿着睫毛根部画，
不要留空隙，内眼线也要画

2. 当眼线胶笔画得不够流畅时，
可以用化妆棒晕染自然

这种头的

没有这种眼影棒可以用棉签代替

3. 下眼线画了可以使眼睛显得更大，
只须画一半，然后拿化妆棒晕开

效果图

戴眼镜的时候我只把睫毛夹翘，
不涂睫毛膏，太长的睫毛容
易扫到镜片。

如果实在要涂睫毛膏，
只要轻轻涂下根部即可。

刷刷

特别有障碍感

戴眼镜眼妆太重
会让人显老的！

四、眉毛，鼻影

如果你长期戴眼镜，为了让眼睛区域更清楚些，眉毛一定要修好。

1. 眉毛修得稍微细些，
旁边杂毛去除干净

2. 戴眼镜不适合平眉，
眉峰挑高一点点，
眼睛更有神

3. 眉毛颜色浅些，
不要画太重

之后用眉粉把眉毛填充均匀，
画到眉头时，直接过渡下来当鼻影。

平时画的韩式平眉

眼镜妆的眉毛

戴上眼镜，从鼻架位置向下画鼻影。

与镜托两边对齐

作用：
缩小鼻翼，
鼻子显得更挺，
如果你
鼻子够挺，
这步可以省略。

五、腮红

平常腮红刷在颧骨上，戴眼镜时腮红可以往脸中间刷些。

不戴眼镜时 　　　　　　戴眼镜时

更可爱!!

六、唇膏

戴眼镜的时候唇膏不能太红，也不能太淡。

太红　　　　　　　太淡

御姐
教导主任
style

太过平凡
化跟没化
一样

涂渐变唇最合适啦，
唇膏太深可以只涂
唇内侧向外晕染开来，
嫌不够深可以再叠加一层。

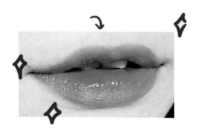

最后，我们看一下要点回顾：

淡淡的略挑高的眉毛

亚光色眼影下眼角也要画

眼线要细，下眼线画一半

眼头提亮：可以画出卧蚕效果

和镜架平行的鼻影

往中间画的腮红

卧蚕和睫毛膏根据喜好，可画可不画

浓淡相宜的唇色

重点：

（别忘了眼睛周围的控油）

所以，不管你戴不戴眼镜，只要你肯好好拾掇自己，

照样可以美美哒！

完美补妆

完美补妆

宛若新生补妆术!

你会不会有这样一个烦恼……

早上化好一个美美的妆，

然后坐了很久的交通工具去某地，

过了几个小时之后，就脱得一塌糊涂……

啊……怎么办怎么办！一会儿还要见人呢！

如果只是简单地补下妆，我只会以下几步：

1. 用面巾纸把出油的地方擦干净

2. 用粉饼补底妆

3. 补唇膏

可是这样的补妆方式只能应急，
那么……

如何补出一个完美的妆来呢？

今天，我就给大家示范一个完整补妆法！

这一天刚好是
放假出去玩，

到了中午吃个饭休息下，
下午又带着两条狗去爬山。

其间多次想补妆，但是为了最后能更强烈地表现出脱妆的感觉还是忍住了……

然后就一直忍到晚上回家……拍下这张颓废的照片！

持续带妆一整天的效果

眉毛脱节

黑眼圈显现

肤色暗成斑驳

眼下全是晕妆

油光满面

唇膏掉光

如果你是一个特别容易出油、脱妆的人，或者你出门一整天，晚上还有活动需要补妆，你可以在化妆包里为自己准备这几样小工具：

平常买化妆品就会送的小样不要扔！

水和乳液，任何牌子任何系的都可以

几根棉签

除了带这些还要带你容易脱妆部位的化妆品哦！

小提示：出门带的补妆化妆品都要选体积小、易携带的那种。

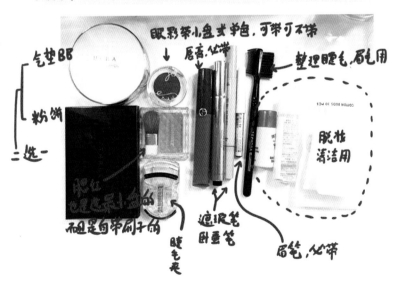

气垫BB

粉饼

二选一

眼彩类小盒式单色，可带可不带

唇膏，必带

整理睫毛，眉毛用

脱妆清洁用

眼红也可选择1盒的

不过是自带刷子的

遮瑕笔卧蚕笔

睫毛夹

眉笔，必带

165

首先，做好清洁工作。

1. 用化妆水将化妆棉浸湿

2. 用化妆棉按压

3. 不要忘了小心点哦

4. 你会发现，油脂和脱掉的底妆都被粘到化妆棉上了！

如果你的包包空间大，带瓶小的喷雾。

1. 用喷雾喷全脸

2. 用化妆棉按压

这里说一下，为什么要用湿的化妆棉擦脸呢？

脸出油是因为缺水，用纸巾擦只是把表面的油脂擦掉。

还有可能把脏东西再按进到毛孔里，脸也会更干。

用湿的化妆棉擦，不但可以把脏东西都黏糊下来，同时还能给皮肤补充水分！

一举两得

清理好全脸后，再清理细节问题。

1. 用棉签蘸取乳液

2. 在眼下脱妆部位来回滚动

来回滚动

3. 晕掉的眼妆很容易就被沾下来了

4. 将没掉的用纸再轻轻按一遍

可怕

很容易长皱纹的。

直接用干的纸擦，这样不但擦不干净，还会拉扯眼部皮肤。

把脱掉的妆清理完后就可以开始补啦!

1. 补底妆

因为我脸比较油,在上底妆前会再拿纸巾稍微按压一次,之后再上气垫 BB,当然你也可以用粉饼,看个人习惯。

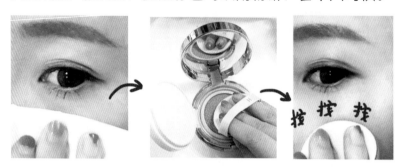

提示:气垫 BB 用轻拍按压的方式上妆,能让底妆更清透服帖。

2. 补眉毛

补眉毛脱妆的空隙

其实如果你知道要
带妆一整天,可以
在画眉毛的时候上点
染眉膏,缓解脱色问题。

小技巧:如果你没带修容粉,可以用眉笔代替,在鼻梁两侧轻轻画几笔,用手抹开,鼻子立马就有立体感了,有没有?

小 TIP:眉笔除了可以用来画
鼻影,也可以用来画卧蚕眼哦!

3.补眼妆

一般眼妆最容易出问题的就是眼线，直接再描一遍就好了

当然，清晰、卷翘的睫毛也是眼妆精致的关键！

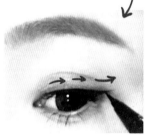

梳理清楚

卷

其实呢，补妆工具我都会选用便捷易带的，比如笔状类的。卧蚕笔其实很好用，既可以提亮眼睛下方，又可以用深的那一头做眼影笔，还有黑眼圈严重的也可以带支遮瑕笔。

提亮眼下，让眼睛更有神

加深眼尾补脱妆的眼影

遮黑眼圈

遮瑕笔

4.补腮红、口红

腮红、口红是化妆必要的，可以让人看起来气色更好。

豆沙色

5. 最后一步整理头发

带一天妆，同时头发多少也会有出油的状态，怎么办呢？

这时候一瓶干发喷雾
可以帮你解决这个问题！
只须着重喷在刘海位置，
或靠近头皮位置，
然后理顺头发即可

完美补妆法
完成

看下前后对比，是不是差很多？

有种回炉再造的感觉……

16

日韩妆容大比拼

去年9月，带我妈去日本玩；
今年3月，又去韩国玩。

能让家人感到幸福快乐，
是我认为的最大的
成就感和骄傲。

说实话，那些景点……真的和地大物博的祖国差得太多啦！

每个景点又小又没啥可看
的，还全都是中国人……
瞬间有种在国内的错觉……

所以呢，过来玩
就是体验下当地
的风土人情，
吃美食、逛街、
买东西就好啦！

两个国家各有各的特色，

对日本的印象：
很注重礼节，街道干净，
建筑极简化，产品质量好。

对韩国的印象：
泡菜年糕烤肉，
买买买买买买……

但它们都有一个让人印象深刻的共同点——

就是两个国家的人都特别注重外表，
大街上几乎每个女人都精心打扮自己（还有很多男人）！

化着精致的妆容，衣着得体，
踩着细高跟鞋的白领

染着头发，化了裸妆的学生

冬天也
光着腿

衣着时尚光鲜亮丽的年轻人

即使是小吃店的阿婆，
都抹着粉，涂个红嘴唇

为了给你们总结日韩女生妆容的区别，我在逛街的时候就特别留心地观察经过的女生……

哟西！

确定这么
看不会
被当成
变态吗？

经过不断地
筛选和总结，
我好像已经
摸透了她们
最流行的妆容了！

日　韩

韩国裸妆篇

韩国女生是很好分辨的，她们大多以裸妆为主，很少浓妆。

头发柔顺垂直

平眉
低调自然的卧蚕妆

清透的底妆

咬唇妆

简洁的服饰风格

很注重肤质，在薄薄的粉底妆下，其实叠加了不知多少的瓶瓶罐罐！

上至半老的大妈，
下至十几岁的姑娘，
个个皮肤看起来
状态都很好，
每天早晚都是
一整套保养流程。

必要的保养步骤

彻底清洁　　化妆水　　精华　　眼霜　乳液 OR 面霜

需要外出时还要在保养之后涂层防晒霜。

那么我们一起来看看
在她们当中出镜率最高的妆是怎么化的吧！

一、底妆

底妆以清透为主，怎样才能有清透的效果呢？

用的是这两样

1. 在底妆前上一层提亮液
（或者提亮液和粉底混合），
能让底妆变得更轻薄透明

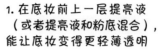

没涂

有涂

2. 再按压式地上一层
气垫 BB 霜

3. 之后用散粉薄薄地定妆，
底妆就完成啦

光泽感呈现

缺点：因为本身气垫 BB 就很轻薄了，
再加上提亮液，皮肤就真的跟没涂一样了，
只适合皮肤好、瑕疵少、比较白的妹子！

当然也是有很多韩国妹子把粉涂很厚的，然后用高光做出光泽肌的效果。

隔离 → 粉底 → 散粉 → 高光

二、眉毛

韩国妹子最喜欢平眉了，这样显得清纯、自然、无公害！

你把握得好可以用一支眉笔，
把握不好就用眉笔和眉粉。

1. 从眉毛上方用眉笔
轻轻地勾出一条平平的轮廓

边画边梳理眉毛，
让它乖乖地顺着一个方向

2. 眉毛下面轮廓与上面平行，
再均匀地把眉毛空隙填满即可

强调！
眉头一定要
过渡自然！
画完用手抹下。

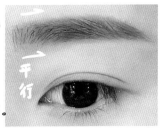

一平行

咦？对了，还有遮瑕！这么重要的事情怎么能忘记？

选用比较亮的遮瑕产品，
既可以遮瑕，又可以提
亮，一举两得哦！

需要涂的
位置

涂完用手抹均匀

三、眼妆

没错，又是大地色。这个色在街上是十个有八九个会用的颜色，
为啥呢？自然呗！

这次选用橘色
和棕色搭配，
橘色可以让人
显得青春朝气。

眼影注意
不要选
太过闪亮的。
低调带点
珠光的就好！

1. 先用亮色给整个眼皮打底

2. 再用橘色上一层

3. 眯起眼睛找到卧蚕位置，涂上亮色眼影

4. 用扁一点的刷子蘸取阴影粉轻轻刷在卧蚕底部，再过渡自然

画出卧蚕

5. 用棕色加深眼尾

6. 眼影部分就画好啦

下眼角也可以加深一点

橘色系日常画起来超自然，很百搭。

之后再画眼线，这次用的是棕色眼线胶笔！
（棕色画出来会比黑色更自然）

1. 我一般都是先夹完睫毛再画眼线，这样不会弄脏眼线

2. 内眼线不能忘，就是拉上眼皮画在睫毛下的

让眼睛更有神 ←

3. 之后沿着睫毛根部画细细的眼线，然后略微拉长眼尾

在韩国街头可以看到她们大部分是单眼皮，很少贴双眼皮贴，所以这次我也不贴了。

4. 涂上睫毛膏

眼妆完成！

是不是很自然？ ←

之后用眉粉最浅的颜色画鼻影，

→

刷子另外一头也可以加深卧蚕阴影。

四、腮红、高光

这次腮红用两个颜色搭配，一个是万能百搭色珊瑚红，另一个是薰衣草色。

你没看错
是紫色腮红！
虽然看起来是紫色，
其实涂上去没啥
颜色，可以起到
调和色调的作用。

这样搭配可以让脸更明亮，更显白！

1. 用珊瑚红在苹果肌上轻轻拍一层

2. 用薰衣草色薄薄地覆盖在上面，往外侧再拍一点过渡开

3. 腮红完成

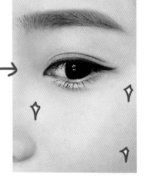

4. 紫色和黄色是对比色。用紫色去黄，可以起到调亮肤色的效果，所以很多隔离霜妆前乳会有紫色款

对比色

但也不要过量使用，否则适得其反……

要打造有光泽、清透的妆容，高光少不了！

其实我平时是没有自信打高光的，
（高光适合皮肤很好的人）
但没办法，谁叫这次是韩妆主题。

C区啊C区！

下巴啊 下巴！

额头啊 额头！

鼻梁啊 鼻梁！

卧蚕啊 卧蚕！

眉骨啊 眉骨！

唇峰啊 唇峰！

锵锵锵！有没有整张脸被四面八方神奇的灯光打亮的感觉！

五、唇妆

为啥韩国那么流行咬唇妆捏？大街上真是十有八九的都是这样，还一定要亚光的！

这个是不是长得很像指甲油？

1. 用唇彩涂嘴唇内侧

2. 用手指晕染开

不好意思我牙有些歪，所以打了个码别多想！

咬唇完成啦！

如果觉得颜色不够，可以再来一遍！

注意：
如果嘴唇很厚，
嘴唇边缘要盖一层遮瑕膏，
弱化嘴唇边缘，
嘴巴看起来更小；
如果嘴唇边缘薄，
就像我一样晕染整个嘴唇。

好啦，韩式裸妆就化好啦！

平眉，大卧蚕，透着光泽感的皮肤，咬唇妆！

有没有韩国妹子的感觉？
接下来我们看看
日本妹子的化妆法！

日系杂志妆

日本女生大多皮肤也很好（这是为啥？）
跟韩国自然系很不同，她们更崇尚可爱系的感觉。

染发、烫发

细细上扬的眉毛

双眼皮贴假睫毛

喜欢戴大美瞳

明显而粉嫩的腮红

嘴唇涂得亮晶晶

日系服装 （额…为什么
大多为森 有种没穿的错觉)
系可爱系

她们从很小就开始学化妆了，十几二十出头的姑娘个个妆容
都很精致（忍不住多看几眼）。也许是动漫业发达的缘故，
她们很喜欢把自己画得像洋娃娃或者卡通人物一样。

韩国女生的眼睛

日本女生的眼睛

大而圆，
很有二次元
的感觉

大好几个 SIZE 的感觉……（有双眼皮贴与没双眼皮贴的区别）
其实眼睛实际都差不多大……靠的是化妆技术！

那我们再一起来看看,
在她们当中出镜率最高的妆是怎么化的吧!

一、底妆

日系妆不像韩系妆一样喜欢清透有光泽的底妆,
她们的底妆大多是亚光的,重点突出细腻无瑕的感觉。

所以我们先用这个打底,
效果虽然没有那么突出,
但至少后续上粉底
很顺滑服帖。

用的是这个粉底液,

它设计得挺好玩儿的,
直接用盖子上的棒
把粉底抹在脸上就好!

之前上粉底求快,
都是用手指
涂抹按压的。
后来学会用工具,
觉得打开了新纪元……
用工具反而上得
更均匀、更快、更方便……

粉底液覆盖范围……
(忽略有点残念的素颜)

之后再拿粉底刷刷均匀。

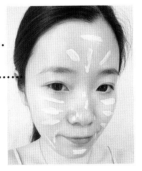

我是一……粉刷匠,
粉刷本领强

用粉底刷上遮盖力强些,
也是很多专业化妆师的必要的工具。
对于新手或者皮肤状态不太好的人,
建议用海绵蛋浸水上,更服帖、更轻薄。

粉底刷刷好，用手拍打按压，
让它更服帖、更均匀。

之后再上遮瑕。

啪

啪

啪

取中间色调，用小刷子
刷在需要遮瑕的地方，
然后用手指按压均匀。

最后扑上散粉定妆，底妆完成！

亚光细腻
肌肤LOOK

想要细腻无瑕的肌肤，
光靠化妆还不够，
打再多粉近看也会很假，
不如从肌底做起，
每天坚持好好护肤，
皮肤好，
怎么化妆都美啦！

皮肤好是
一切美丽的根本！

啪

啪
啪

啪

二、眉毛

日本人的眉毛很有特色，他们很爱把眉毛都修得细细尖尖的。
几乎大部分的眉毛都被剃掉，连男生也是……（是天生眉毛少吗？）

日本男人很好区分的，
我都是看眉毛分……
比如这样的，一定是！

这是没化妆前的眉毛，
平常我画平眉比较多，
很少画这种类型的眉毛。

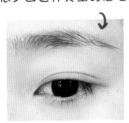

比韩国
妹子的
细→

2. 染上眉毛，
注意膏体尽量不要
碰到皮肤，不然会糊在一起

眉毛用眉笔和染眉膏搭配，

染眉膏可以把眉毛颜色染淡，
日系妆大多都有用到染眉膏。

1. 首先要修出一个形状，
眉笔顺着画好

挑眉
形状

3. 日系弯眉，完成

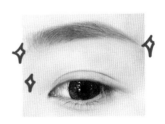

三、眼妆

日本女生很喜欢把自己的眼睛画得又大又圆,
借助各种化妆工具堪称鬼斧神工!

BEFORE

从小眼睛到正常眼睛都适用的欧韩型化技术

AFTER

但是这次我就不化那么夸张的眼妆啦,
毕竟主题是最流行妆,就是街头出现率最
高的妆,会比较日常点。

用的工具:

BLINGBLING
的眼影盘

眼线笔 眼影棒 粉色 眼线胶笔 棕色

眼妆步骤

1. 用亮色涂满整个眼皮

2. 用中间色涂中间眼皮

3. 用暗色加深眼尾

4. 还有加深下眼角尾区域

5.用眼影棒涂在卧蚕部位，
日本基本没有像韩国那么着重画
卧蚕，这次就光涂卧蚕亮部就好

6.用眼线液画眼线，
画出眼头，拉长眼尾，
这样眼睛才能显得大

7.用眼线胶笔画
下眼角后二分之一处

8.闭眼效果

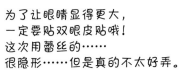

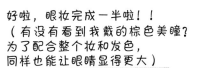

这个步骤是最最基础的眼影、眼线画法，
跟之前韩妆一样，所以基础学到手，
你想怎么变就怎么变！

为了让眼睛显得更大，
一定要贴双眼皮贴哦！
这次用蕾丝的……
很隐形……但是真的不太好弄。

好啦，眼妆完成一半啦！！
（有没有看到我戴的棕色美瞳？
为了配合整个妆和发色，
同样也能让眼睛显得更大）

接下来也很重要，就是……贴假睫毛！

我一般贴假睫毛的方法：

1. 把胶水涂在假睫毛梗上，吹几下等稍微干一下再贴

2. 两个指头捏住假睫毛两端，缓缓放到眼睛位置，记得要紧贴睫毛根部

3. 先将左边固定好，再将右边固定（这个顺序可以看个人习惯）

4. 手动调整下位置，让假睫毛呈现自然向上翘的状态

5. 涂上睫毛膏

6. 手捏一下，让假睫毛和自己的睫毛黏合在一起

捏捏捏～

眼妆完成！
日系杂志妆的感觉有没有！

粉色卧蚕位置，更能显得眼睛妩媚，有女人味！

四、修容与腮红

为了节约时间……这次就光修鼻子好了，日系妆不像韩妆
一样那么追求光泽感，所以除了鼻梁，其他地方就不打高光了。

修鼻三部曲

又是这盒

鼻子两侧

鼻梁高光

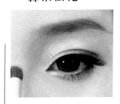

眉骨高光

修完之后就上腮红，
日系妆很重视腮红，用它打造粉嫩脸颊。
她们一般涂得很重，红扑扑的一片……
所以认日本女生……除了看眉毛，还要看腮红！

有两种常见的方法

①  涂到靠近眼睛的地方

有点像宿醉妆

②  直接涂眼睛正下方，涂到靠近鼻子的地方

这次涂的范围

用的是这个腮红

平常涂的范围

五、唇妆
你知道日系妆唇部重点是什么吗?
就是——水润、饱满、晶晶亮的唇妆!俗称嘟嘟嘴!

用到的产品

1. 用口红涂满整个嘴唇

2. 重点!
一定要再来层唇彩,
才能体现粉嫩
嘟嘟唇的效果!

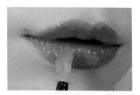

到这里妆就化好啦!

卖个萌先!

日本姑娘很喜欢大波浪卷的头,
所以想做完整的日系妆容,
得先学会给自己卷个头发哦。

用吹的、卷的都可以

大概是这么个卷法,卷完打散
就是很自然的波浪卷啦!

日系杂志妆，完成！

挑高的细眉，静止的眼妆。大面积腮红，粉嘟嘟的嘴唇！

咔嚓！

好了，我尽力了，
你也来试试吧！

优化妆容化妆法

优化下化妆方式，
你的颜值会更上一层！

自从我开始做教程，每天都要逼自己看各种彩妆视频，简直是看到吐的那种……

但付出就有回报，我的化妆技术越来越好了！

化妆也算是一项技能，只有多练习，才能慢慢摸索出门道，找到适合自己的方法和效果。

化妆真的可以改变一个人!

这是几年前
刚开始化妆的照片

完全无
修图!

是不是
感觉
差
很
多
?

这是最近的照片

有略微
修点点

下面我跟大家分享一
下我在化妆方法上的一些改变，
学会这些，
你就可以优化你之前的妆容，
让妆看起来更精致，
人也会更美的哟!

一起Get
起来!

一、底妆优化

是不是很多人会觉得自己抹粉底、抹 BB 霜特别不服帖?
抹完效果还不如不抹?

其实根源就在于你的护肤问题!

你问问自己,

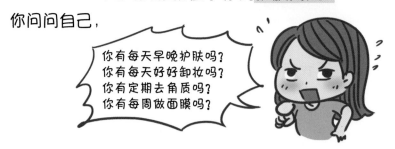

以前就是懒,晚上啥也不抹直接睡觉,然后皮肤
就各种糙,完全不敢用粉底液,只能每次出门
直接用粉饼盖一层……

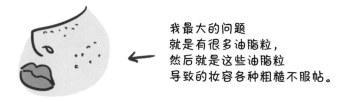

现在勤劳了，除了每天基本的护肤，

非！常！烦！琐！

我还会定期去角质，搓脸。

去角质应该都知道吧，
用去角质精华什么的。
不要太频繁，
一周一次就够了。

但什么是搓脸？

就是我会用平常用得惯的卸妆油，

1. 倒一定量
到手里

2. 着重在黑头多的地方搓，
其间可以不断加卸妆油。
慢慢你会发现手里会有
明显的颗粒感，黑头都被
搓！出！来！了！

3. 之后再用水
多次冲洗干净，
然后用洗面奶
彻底清洁

我一般都是
搓半个小时……
其间可以看看
综艺节目什么的。

这边重点

一一定一要一冲一洗一干一净！

不然很容易引起毛孔堵塞，长小痘痘（敏感肌肤请勿尝试）！

我觉得这比黑头导出液、猪鼻贴什么的安全多了
虽然肯定有一定弊端，但是没办法，谁让你长黑头呢？

皮肤容易
敏感、长痘

猪鼻贴撕下来的感觉很爽，
但是会拉扯皮肤，然后还会
留下大量空空的毛孔……
觉得有点可怕……

然后我每次搓完，第二天上妆……

天啊！
妆服帖得
跟鬼一样！
感觉自己
皮肤好好！

所以推荐给有黑头、白头、油脂粒以及妆不服帖困扰的同学试一试，
不敢推荐给每个人（毕竟肤质不一样），
但确实是我一直在用的方法……

如果黑头不是很严重，
每天还都化妆，
就在卸妆的时候多搓一会儿，
黑头生长也会缓解，
就不用专门再找时间搓了哦！

另外妆前一定要抹的东西

会让后面更好上妆

（ 防晒霜 or 隔离霜 or 妆前乳 ）

其实防晒霜都是在护肤后涂抹的，之后再上隔离霜或者
妆前乳，一定要二选一，还是防晒最重要。

二、彩妆优化

1. 眉毛

你是不是经常被眉毛容易脱色的问题困扰?

早上画好的眉毛

晚上的眉毛

以前觉得画完眉毛还要上染眉膏多此一举,自从尝试着用一次后,就再也离不开了!

没用染眉膏

有用染眉膏

是不是感觉眼神会更温柔了?

染眉膏优点

①可以让眉色更整体
②眉毛不容易晕妆
③淡化眉毛颜色,
让眼神更突出
④更洋气,更专业

BEFORE　　AFTER

染眉膏的配色建议

黑头发选择
偏深的棕色染眉膏

染深色发系选择
棕色系偏红染眉膏

染亮色系发色选择
更浅的棕色系偏黄染眉膏

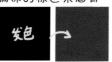

如果染其他颜色的头发,比如红色、紫色、蓝色,还是选择和自己发色相近的染眉膏,不过市面上好像大部分是棕色系的……其他色比较少。

总之一句话,**染眉膏颜色选择比自身发色稍浅些的!**

2. 眼线

以前觉得如果贴了双眼皮贴，眼线画粗点眼睛更大。

然而眼线画粗了，
即使贴了双眼皮贴，
看起来也像单眼皮。

现在不管眼妆多浓
眼线也要画细细的一条，
眼妆会更显精致！

黑黑
的一条

眼妆精致的关键在于：

1. 眼线一定要细，
不能粗过双眼皮褶皱
2. 眼线一定要沿着睫毛
根部画，眼线画完再贴假睫毛！
3. 一整条顺滑流畅，
尾部绝对不能分叉

3. 眼影

以前觉得想让眼睛更大，
下眼影也要加深。

现在觉得与其加深不如提亮，
画出卧蚕，眼睛更显大！

加深一整条区域

提亮卧蚕

只加深眼尾处

你看两个同样完整的眼妆，
哪个眼睛显得大而美呢？

VS

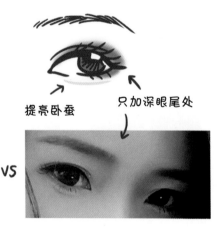

卧蚕底下暗部可以直接拿眉笔轻轻画一条，
然后用粉扑按压自然。

画的时候
眯起眼睛
好找位置

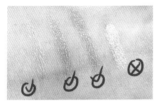

还有一点要注意的是，
画卧蚕的时候可以用
米色、粉色、亮棕色等，
但是千万不要用纯白色
或者银色，不然很容易
变成乡村非主流。

4. 渐变唇

以前涂唇膏
就是整个嘴唇
涂均匀。

现在更喜欢画
这种渐变唇，
可以让嘴唇
更有立体感，
唇妆更精致。

它跟咬唇是不一样的

咬唇是边缘
会用遮瑕膏遮掉。

咬唇适合厚唇的人，
嘴唇薄的
最好不要尝试，
可以涂渐变唇。

而我说的渐变唇是这样：

涂满
①

抿下
②

再涂
③ 只涂这里

完成！
④

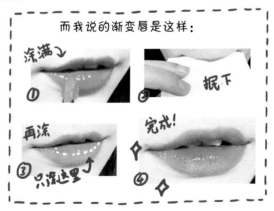

也可以用两种颜色的唇膏

浅色 深色

1. 用浅色均匀涂一层

2. 再用深色涂嘴唇内侧然后抿均匀

渐变唇
效果

如果你整体妆容非常淡，
不妨画个稍微红点的
渐变唇吧！
会让你看起来韩范儿十足，
人也会更精神、更有血气呢！

反之，如果
妆淡，嘴唇
颜色也淡，
人就显得
很没精神。

只要一点点的变化，
就能让你的妆容
优化升级！
你的妆就会看起来
更精致、更貌美！
一起试试吧！

心机妆

看似随意其实心机满满，
直男最爱妆！

什么叫心机妆？

场景一

今天出来赶，没化妆……

没事没事，这样也很美！

信以为真

场景二

 ：早上好啊，真不想起来！

：哇，好美！

：女神素颜也好美啊！

：最喜欢这种自然的女子。

：果然是真美女！

其实……在拍照前……

207

30 分钟过去……

一个小时过去……

很多男生喜欢女生素颜，

可是他们真爱的是这种
素面朝天、清汤挂面？

还是这种天生丽质、
略施粉黛的人呢？

切！

or

终归还是看脸……

你以为很多所谓素颜美女真的就是素颜吗？
她们只不过是化了很清淡的裸妆。
但比裸妆更高一层的叫心机妆，
如果你没有那么天生丽质，就给自己化个心机妆吧！

你看得出这
化了多少妆吗？

下面我来详细教大家怎么化！

一、底妆

1. 洗脸后做好保湿（最基本的皮肤保养）

你至少要有的两瓶护肤品 → （化妆水 & 乳液 ）

如果是秋冬季，不做好保湿，皮肤很容易干燥起皮。

上妆糙感
会更明显

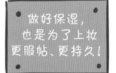

做好保湿，
也是为了上妆
更服帖、更持久！

实在嫌麻烦
一瓶保湿乳液也行

2. 隔离，粉底液（隔离彩妆和均匀肤色）

底妆要买好些的，
毕竟与皮肤直接接触。

日常比较着急出门，
只要涂BB霜即可。

均匀点在脸上，
再用按压轻推
的方式涂开。

粉底可以只涂在脸中间的位置，会显得脸更小哈。

你需要涂的
位置 →

边缘过渡
自然

形成
阴影

我的肤色　选择的色号

粉底液颜色一定要
去专柜试色，
我会选用和自己肤色
差不多但稍稍白那么
一点点的颜色，
会让气色看起来更好。

3. 遮瑕（无瑕肌肤必要步骤）

用跟肤色接近的遮瑕笔涂在黑眼圈位置，然后用手指点开。

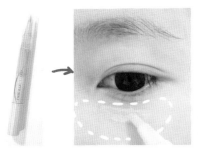

点 点
点

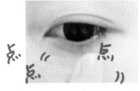

（遮瑕可以在底妆前，也可以在底妆后，
看个人习惯，所以化妆步骤真不是
说什么步骤就一定按什么步骤
来，效果达到就行了）

用稍亮的遮瑕笔提亮以下部位。

眉骨

黑眼圈

鼻翼两侧

法令纹
嘴角

这样可以让脸部更饱满，
气色看起来更好。
不过让气色更好的方式
其实就是睡眠充足，
作息规律！
精神好，脸才能漂亮！

底妆到这里差不多结束了！
（这时你可以趁机涂下唇膏，这样可以有充足时间滋润嘴唇）

 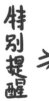 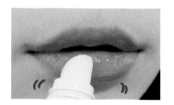

如果是夏天出油比较多，可以在这之后上一层散粉；
如果是冬天本身皮肤比较干燥，定妆这步就可以省略。

二、眼妆

想让眼睛看起来更大、更深邃，你可以贴双眼皮贴。

 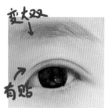

最近觉得这种双眼皮贴很好用！
就是类似双面胶的原理……

 VS

一次定型，

隐形效果好
保持时间久。

反复一直贴、一直
找位置浪费时间，
容易剪到眼皮，
纤维两边会翘起来。

以前觉得双眼皮纤维好用，
虽然费时，不过多练习还
是可以的，无意间试了
这种双面双眼皮贴，果断弃掉
纤维条……所以化妆是在
不断尝试中找到最适合自己的！

双面型双眼皮贴的方法

1. 贴在眼皮中间位置

2. 撕掉上面白色纸

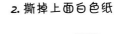

3. 手指辅助眼皮粘出双眼皮

4. 搞定!

小提醒:本来一直是化妆前贴双眼皮贴的,后来试了下化完眼妆才贴,发现效果更好、更自然,避免了上眼影时不小心破坏形状,但可能需要贴两次(一次粘下眼影,第二次就粘得比较牢了)。

1. 眼影　(想要自然的妆还得用大地色)

①将❶涂在整个眼皮上↓

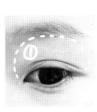

②将❷涂在中间向两边过渡　↓

③将❸涂在眼尾↓

其实这样涂眼影颜色非常淡,看不大出来(心机妆特点)!

2. 眼线　（自然的眼线可以用棕色眼线笔）

用的是这个

棕. 黑. VS

用棕色眼线胶笔画的眼线

胜！心.

用黑色眼线液画的眼线

（是不是一对比，用棕色眼线笔更自然？）

之后眼线尾部用棉签或者化妆棒快速晕开。

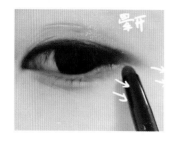

晕开

超自然完成！

3. 下眼线　（明亮眼神）

自然眼妆是不需要画下眼线的，但其他色的眼线就不一样了，可以提亮眼下，让眼睛更有神。

选择米色闪亮的眼线笔

画在
下眼线
位置

效果

4. 夹睫毛，涂睫毛膏

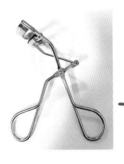

睫毛膏选择纤长款，
涂得根根分明。

这次的心机妆眼影和眼线都特别淡，所以可以在睫毛上花点心思。

剪出两小段睫毛　　　　　分别贴在眼尾位置

假睫毛最好两种类型的都买，
左边很便宜，随便剪，贴局部；
右边稍微贵些，贴整副的时候用。

眼尾用半截假睫毛拉长，
会显得眼睛更妩媚，
比贴整副的更自然。

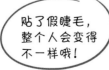

贴了假睫毛，
整个人会变得
不一样哦！

5. 眉毛 （超自然没有轮廓的那种）

眉粉画的

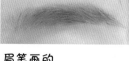

边缘不明显，无笔触感，
像是眉毛本来就是
这个颜色一样。

眉笔画的

好像差不多，
但眉粉对于手残星人
来说会比较容易上手
些，只要把眉毛
填均匀即可。

比较费时间，
但更自然　　　快速便捷

提醒：在画眉毛前，你必须确保你的眉形
已经修好（否则上了颜色也是暗乎乎的一坨）。

眉粉的用法

1. 用①涂整个眉毛，将
不均匀的地方补齐

2. 用②加重眉尾

眉头
自然
晕开

最后拿刷子
把眉毛扫齐

眼妆完成！

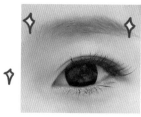

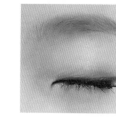

此眼妆摒弃了之前的黑色眼线，
换成了棕色眼线，
眼影也很淡，眉毛浑然天成，
眼尾用半截假睫毛拉长眼形，
远看基本没什么妆感，
但眼睛却神采奕奕。

对了，眉粉中间这格还可以用来做鼻影

拿粗头的刷子

阴影位置

以前只是涂
鼻骨两侧位置，

后来发现在鼻头两侧也
打些，会让整个鼻子显得更修长。

记得一定不要
打太重！
边缘过渡自然。

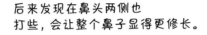

三、腮红

这次用的是这个

膏状腮红，
对新手来说不好控制，
但效果是很自然的，
而且可以保持很久

好像从皮肤
里透出来的红！

用手指蘸一些
点在苹果肌上，
然后迅速晕开

效果

膏状腮红用在定妆前，底妆上完直接就可以抹上去了！

如果腮红不小心涂多了可以盖一点点散粉。

顺便定妆 →

更有"白"
里透"红"
的效果哟 →

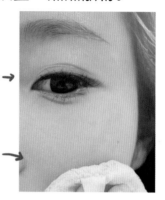

四、修容

修容修得好，可以有微整形的效果，虽说治标不治本，但却可以从视觉上拯救大饼脸、塌鼻子等。

如果你脸很大、很圆、很多肉，不妨试试往脸两侧刷点阴影。

刷前

很平面↙

刷后

立体效果↙

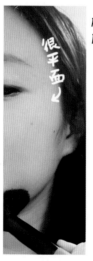

提醒：还是那句话，
不要打太重，
自然最重要，
不然适得其反！

侧面的肉
像是往后
缩进去，
有瘦脸效果

五、唇妆

很多男生其实并不懂女生化妆，有时候你只是涂了很红的唇膏，他们就会觉得你化了很浓的妆。

这次心机妆以自然为主，所以唇膏一定不能太明显。

颜色不能太深、太艳，不能涂得太饱满。

只涂中间部分，然后用手指晕开或者直接抿开。

你可以选用比较自然的红色，用唇彩或者比较滋润的唇膏。

效果：类似咬唇妆，里面深向两边过渡开。

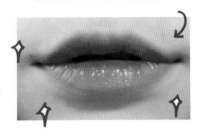

用滋润的唇彩唇膏比亚光的好控制，不容易让嘴唇起皮。

六、卧蚕

卧蚕画了会显得整个眼睛更大、更有神。

如果不小心
画重了，
可以拿粉扑
稍微盖一下

暗部那头也可以当眼影笔

没卧蚕   有卧蚕

 VS

有没有眼睛
看起来更大更有神！

好了，
心机妆完成！

这种妆其实就是
看起来没化多少，
但是化完会发现
整个人大变样！
气色都好得不得了，
妆容自然不刻意，
像是本身就
长这样一样……

虽然，
我会教大家
各种约会妆、
桃花妆什么的，
但很多时候，
化妆是为自己化的，
并不是为了谁谁谁。

让自己变得美美的，顺带心情、状态都一块好起来，
走在路上倍儿有自信。

这才是化妆的真谛！

今天的我是那么与众不同！

每个女生都应该学会让自己变得美美的，
即使你没有天生丽质的资本，
但后天的努力也是可以改变的！

吹出随性大波浪

不用卷发棒就能
做出的超自然卷发!

以前觉得直发好看，　　　好像有段时间还流行剪成碎发。

现在看来……　　　其实要留直发……发尾稍微有点卷度才比较好看！

如果你不再是十七八岁以下的小姑娘，偶尔给自己
吹个浪漫大卷发，更能增加你的女性魅力哦！

你是否有这样一个困扰：

找理发店烫了一个美美的卷发，第二天醒来……头发乱得跟鸟窝一样！

刚烫完：

第二天：

但是如果你会吹头发，
每一天头发都像刚做过一样美！

即使是直发，也能快速吹出大波浪哦！

下面是步骤分析图：

1. 洗完头把水分擦干

2. 用吹风机先把靠近头皮的头发吹干

3. 把头发分为两拨，取出其中一边的一缕头发

一小撮

4. 用这缕头发把这一边的头发缠绕起来，然后打转，同时拿出吹风机吹着　　5. 手酸了再换另一边

旋风无敌手!!!　转　转　转

6. 反复交替几次头发就差不多快干了，这时候用吹风机对着头发吹会儿加热，再用吹风机背面冷却定型

加热　　巩固　　冷却　　定型

手抓着整撮头发底部

7.吹好后头发稍微打散些，为了让它不毛躁、更光润，
可以抹上一些护发精油

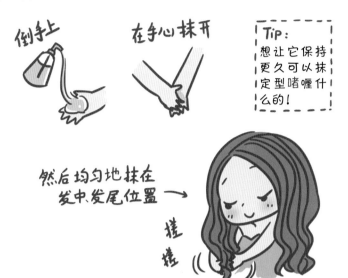

倒手上

在手心抹开

TIP:
想让它保持
更久可以抹
定型啫喱什
么的！

然后均匀地抹在
发中、发尾位置 →

搓搓

8. 一头漂亮的大波浪
就弄好啦

通常我是晚上洗头，
然后吹好后睡觉，
早上起来就更自然啦！

这期就
不露脸了
重点在
头发上！

刚吹完的样子

效果参考

如果晚上偷懒没吹……就会变成这样……

天哪噜!!!
凌乱
毛躁
扎手

可怕!!!

美丽与懒惰
是成反比的

所以……
别偷懒,
有空就试试吧!

你会发现,
你离女神
又近了一
步哦!

武媚娘仿妆

橘色系古典舞台妆！

这篇示范一个古装造型，就仿武媚娘的吧！

最近很火的武媚娘，我打算模仿媚娘和皇上跳舞的这个造型。

这个服装最便宜！
头饰造型最简单！

其实这个妆相当于舞台妆，
同样适用于年会、
表演等各种活动的时候，
一起来看下怎么化吧！

一、底妆

通常的底妆顺序：水→乳液→隔离→粉底→散粉

粉底点匀再用海绵或
手指推匀，然后散粉定妆。

一般这种 COS 妆或仿妆都是为了拍照化的，所以底妆可以打厚些（舞台妆因为距离远，同理）。

二、遮瑕

对于我这个经常昼夜颠倒的人来说，
最重要的就是遮黑眼圈了，这次用两个遮瑕笔来遮。

①  ②

细细的很好画

遮瑕步骤：

黑眼圈是在眼睑
下方一圈色素沉着，
黑眼圈最深的地方，
就是泪沟那条线。
所以遮也是着重遮
泪沟！

**保持良好的作息，
是最好的去黑眼圈方法！**

1. 用遮瑕膏遮
整个下眼睑

2. 用万能笔8
号色，着重遮
泪沟那条线

遮瑕效果棒棒哒！

三、修容

修容修得好，可以在视觉上改变你的脸形。

阴影从发际线过渡出来。
1. 可以使头发显得更茂密
2. 可以缩小脸的轮廓

修鼻影时，
从眉毛到鼻梁
两侧，呈三角形，
过渡下来。

范冰冰的鼻子是
很修长、很挺拔的，
所以鼻影的修法
可以稍微垂直些。

鼻梁提亮
→向外侧过渡
→鼻头要打些

而脸部修容则着重强调
消瘦的脸和尖下巴。

修容示意图

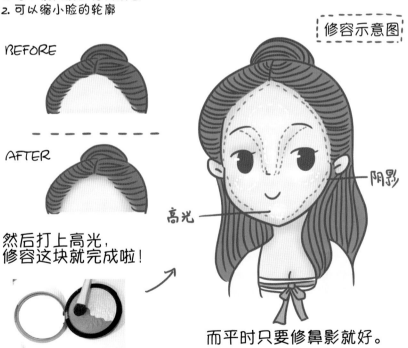

BEFORE

AFTER

然后打上高光，
修容这块就完成啦！

高光　阴影

而平时只要修鼻影就好。

四、眼影

武媚娘最有代表性的妆容就是她橘色系的眼影了!

很像 PS 里的色板 ↘

因为 COS 需要各种颜色,我就索性
买了这么大盘的全色系眼影。
但说实话粉质不咋地,
如果你本身就喜欢橘色系眼影。
可以单独买个质量好些的,
可以经常使用

用到的颜色 ↘

眼影的上色顺序

先用亮色
眼皮打底

用橘色
铺满眼皮,
眼睑下方也要涂

用稍微
深点的橘色
画眼睛两边

用亮色打亮
眼皮中间
和眉骨

用深色
加深眼睛
上下尾部

五、眼线

眼线可以画得长些,会显得眼睛更魅惑。

眼线不宜画太粗!

我观察了武媚娘的眼妆,
发现她眼头、下眼尾也画了些,
但画得很轻,稍微带过即可。

六、假睫毛和眉毛

眉毛要画成平眉，眉尾拉长些，戴上假睫毛。

眼妆完成！

我与她的眼睛对比：
除了眼睛形状不一样，眼妆基本差不多了。

 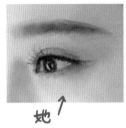 

她↑   ↑我

我故意只画一只眼睛，是不是差别很大？

嫌眼睛不够大，
就贴双眼皮贴。

如果觉得眼睛下面
不够深，可以用
万能笔橘色的加深。

七、腮红和口红

既然整体妆容是橘色系，腮红和口红自然也是选橘色的。

唇膏是亚光橘色，
也很适合日常妆，
涂完记得用棉签
擦下唇线边缘。

好了,妆面这部分就差不多了!

这就是她刚进宫里的橘色系妆容啦
(下面标出妆的几个要点)

从发际
过渡的阴影

拉长的眼线

橘色偏粉
的腮红

下眼线只画
眼头和眼尾

橘色亚光
口红

平眉

上下都涂
橘色眼影

垂直
的鼻影

八、发型

其实这个发型很简单,我是自己绑的,为了拍照,
就弄得随意了点。

1.首先你要中分,
然后将前面两拨头
发分出来

2.将头发弯到后面去,
弄出隆起的高度,然
后用发夹固定

前　　　　后

3.将那两拨头发再
盘成发包,再用发
夹固定

戴上头饰、耳环，会给整个造型加分。

这个发型是我自己
琢磨出来的，
可能跟原版有出入，
但拍拍照还是可以的
（如果旁边有人，
最好让别人帮你盘，
会整齐很多）。

最后穿上武媚娘同款才人襦裙
武媚娘仿妆，**完成！**

外拍效果

自拍效果

因为拍摄想找个有古风的东西做道具，
翻箱倒柜找出这张
八年前画的工笔仕女图。
常常很怀念当初的认真执着，
和想当大画家的梦想。
而如今早已没了那种耐性，
被互联网时代捆绑，
天天对着电脑和手机，
画画也只是在手绘板上画。
希望有一天
还能再拿起毛笔。

21

Max 仿妆

跨越种族的化妆大法！

COS 分两大种类：一种是动漫 COS，另一种是电影 COS。
下面看的这种就是纯粹通过化妆去模仿一个角色。

国外大神 COS《美国恐怖故事》

于是……
对自己的画技
颇有自信的我
决定也要尝试一下！

简直就是
易容术！

跃跃欲试

那么 COS
谁好呢？

私心觉得欧美明星里
最喜欢的就是
《破产姐妹》里的 Max 了。

那就 COS Max 好了！

想要 COS 得像，除了仿她的妆容，
还要用各种阴影去修容，连她的五官也要修出来。

在做一切之前先化好底妆。

然后我选的是
这张图来模仿

也就是说从
亚洲人化成
欧美人的节奏。

一、首先是最重要的眼妆部分

1. 用亮色先打亮整个眼皮

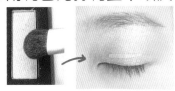

2. 用棕色画出眼窝，再用暗色加深

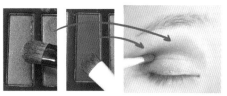

3. 换支细的刷，再强调下眼窝以及眼尾处
更换亮的颜色
提亮眉骨和眼头

眉骨提亮

眼头
提亮

眼尾
加深

5.画眉毛，边缘用遮瑕膏提亮

画法可以参考《眉毛的画法》里提到的挑眉画法！

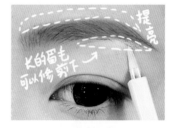

提亮

长的眉毛可以修剪下→

6.画上眼线，尾部上扬

贴上假睫毛

眼妆完成

我的↓

✦ ✦ ✦

VS

Max 的↓

✦ ✦

因为是视频截图，所以会模糊点↗

此眼妆重点就是打造像欧美人一样深邃的眼窝。

二、接下来是修容部分

欧美人很重视修容，我们这个 COS 就是用阴影修出和她一样的五官轮廓脸形，像易容术。

用的是这种影楼专用修容粉，价格超级便宜

一定要照着 MAX 的照片修啊，想象你的脸是张白纸，在脸上画画懂吗！

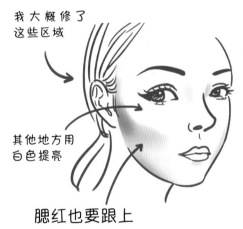

我大概修了这些区域

其他地方用白色提亮

腮红也要跟上

可怕

这些仿妆现实看起来是超级浓的，跟演话剧的一样，只适合拍照，**所以你可以大胆地来！**

三、最后就是招牌大唇膏

MAX 最性感的地方之一
就是她的大红唇。
（咦？怎么有点像香肠嘴……）

嘴巴不够大咋办？
没事！用唇线笔画大！

形状一定要照着她的来画

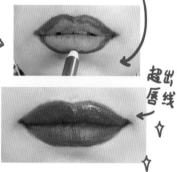

超出唇线

脸妆基本完成

放下头发，换上
和 Max 一样的连衣裙 →

嘟起嘴巴和 MAX 一起来一句：

I'm it, and you can suck it !

愿每个女生都能做到以下这几点！
一起美起来吧！

我觉得女生就应该是这样：

1. 努力工作，花的
每一分钱都是自己挣的

2. 有一个兴趣爱好，
并且跟自己的工作相关

3. 有一个梦想，
正一步步地去实现

4. 有一个掏心掏肺的挚友，
在困难的时候互相帮助

5. 不向恶势力低头，
做什么事都问心无愧

6. 敢爱敢恨，遇到喜欢的
就应该去追，不合适的
就尽早放手，不拖泥带水

7. 即使现在是一个人，
也可以过得很好

这样，你就可以大声地说：

22

Cindy 仿妆

适合学生族和
上班族的日常妆容！

最近抽空看了一部韩剧——《制作人》
很喜欢里面一个叫 Cindy 的角色

好漂亮!
好可爱啊!

她很有自己的风格，装得了冷艳，扮得了清纯，
属于超耐看型。

很容易脸盲的……

我觉得现在定义美女，
其实最好的，是那种有自己特色、
让人看起来很舒服、很想多看几眼的，
而不是网络上很常见的那种锥子脸、大浓妆。

不要盲目去追求、去整容成那样，
有自己的特色最好，
即使是有些小瑕疵，
那也是你与众不同的地方。

千篇一律
锥子脸
整容脸
大浓妆

韩剧不像国产剧、美剧、泰剧什么的妆化得很浓，
基本上以淡妆为主，顶多嘴唇涂得很红，
还原人最真实的五官形态。

美

泰

韩

这里倒不是说韩剧有多好，
而是它普遍的化妆风格
都是偏裸妆系，非常非常淡，
但看起来气色很好。

很适合学生族
与上班族的
日常妆哦！

接下来我给大家示范一下这种妆容的化法，
做一个 Cindy 的仿妆，一起来看下吧！

众所周知，韩剧里演员看起来皮肤出奇地好，除了因为她们注重保养外，还因为她们非常注重底妆的呈现。

① 如果你想营造
透亮光泽肌
你可以用
提亮液加粉底液搭配
粉底液可以用蘸湿的
美妆蛋上妆

② 如果你想营造
滋润的水光肌
你可以用
妆前乳和气垫BB搭配，记得在上妆前多喷点保湿喷雾

③ 如果你想营造
无瑕的细腻肌
你可以用有
毛孔隐形功效的妆前乳和气垫BB搭配
之后扫上散粉

这次呢，我选择第三种方案，就是无瑕的细腻肌！

先用毛孔隐形霜
涂在毛孔粗大
的地方

再用BB霜按压全脸，不放过任何细节

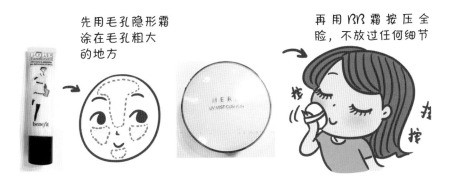

气垫BB是从韩国那边流行过来的，一开始我还比较依赖粉底液，但自从用了之后就离不开了，方便好用，赶时间直接拍脸上就OK了。

粉底液

需要搭配海绵蛋
或者粉底刷

气垫BB

自带粉扑
还很好
上妆

接下来是非常重要的遮瑕部分

先遮黑眼圈，
用稍暗的一色
遮整个黑眼圈，
再用稍亮的一色
着重遮泪沟那条线，
其间用手指点压式
晕染自然。

再遮脸上的斑点、痘痘之类的。

1. 先用遮瑕膏把
有痘痘的区域涂
上一片

2. 然后用小刷子
把遮瑕膏以痘痘
为中心向两边晕染开

3. 用手指按压几下
让整个区域颜色自然

这样就遮好啦！
虽然还是看得出凸起来，但是已经变得不明显了。

（这次拍得不是很清楚，将就看看……）
这边要注意的是
痘痘上面的遮瑕膏尽量不动，
晕开只是沿着痘痘周围就好，
这样才不会破坏它的遮瑕度。

底妆完成

之后你可以再扫一层散粉，
让皮肤更加细腻，妆也会更持久。

做仿妆前，要先研究清楚妆容特点。

Cindy 眼妆：

1. 眉毛平直
2. 眼影是很浅的亚光棕色
3. 睫毛卷翘自然，
几乎没刷下睫毛
4. 极细的眼线，
眼尾略微拉出一点

如果你有亚光的眼影就用眼影，没有的话，用眉粉或
修容粉都可以，还更省事。

眼影步骤

如果你习惯用眉粉，
画完眉毛直接扫些
在眼皮上，可以很
自然地当成眼影。

1. 用中间色画
整个眼皮区域

2. 顺便轻扫鼻梁
两侧画出自然的鼻影

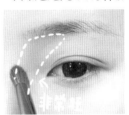

3. 用深色加深眼窝
以及眼皮后半部分

4. 还有下眼角也
要适当加深

255

别看韩剧的妆都超级淡，但经我观察，她们都有修容，是为了上镜显得脸部更立体，只是修得很淡、很自然。但是日常的话其实只是顺带修下鼻影即可。

修容位置

1. 修发际线部分　　2. 修颧骨部分　　3. 修下巴部分

  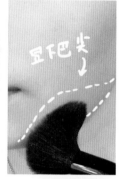

接下来是画眉毛，用的是之前眉毛教程里的轮廓式画眉法。

1. 先用眉笔轻轻画出轮廓，上下大致平行

2. 再用眉粉均匀填充，前半段用稍浅色，后半段用稍深的颜色

  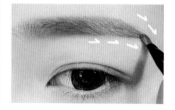

3. 最后再轻轻涂上一层棕色染眉膏，眉毛就画好啦！

是不是很自然？

用染眉膏是为了让眉色和发色更接近，淡化眉色，让眼神更突出。

后面是夹睫毛和刷睫毛膏。

选用纤长自然款的睫毛膏，下睫毛略刷一两下就好了。

分段式夹会更卷翘

宛若天生～

沿线部分只要着重画内眼线，眼尾拉长一点点出来就好，只要你有时间，可以画下外眼线，沿着睫毛根部画细细的一条。

超级细！

沿着睫毛根部

不管是不是很裸的妆，最好都要画内眼线，会让眼睛更有神些！

眼妆部分完成！

她↘

我↘

有没有很像呢？

这也是我的日常眼妆，有裸妆感，
再裸一点不刷眼睫毛都可以。

其实就是懒。

还有一点是，其实很多彩妆产品都可以一物多用的。
比如前面提到的阴影粉、眉粉可以作眼影，
腮红如果是买这种多色的，一般都有高光色，
高光效果很自然，就省去了再买高光的钱。

做提亮包

1. 提亮卧蚕和眉骨，眼睛会更加有神

卧蚕↙

眉骨↗

2. 提亮脸部一些区域，比如鼻梁、额头、苹果肌、下巴，可以让脸部更有光泽

3. 之后混合剩下的颜色，轻轻扫在腮红位置

来回扫

一般珊瑚红是作为腮红最自然的颜色！

最日常　可爱　阳光

最后就是涂唇膏了，韩国人很爱玫红色，做咬唇妆最合适啦！

玫红色

1. 先涂嘴唇内侧

2. 再用棉签或者手指向外晕染

3. 为了更有层次，后面可以再往嘴唇内侧涂一层

  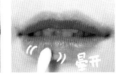 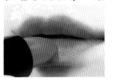

晕开

自然的
咬唇妆完成

259

《制片人》Cindy 仿妆
完成!

突然想起 IU
左脸有颗小痣,
这个小细节
怎么能忘了呢!

学着她摆个
同样方向的造型!

她↗

我↗

嘻嘻,还是有那么丁点像吧?

23

欧美系小红帽妆

欧美系
小红帽妆

治艳与黑化的转变！

这一期小红帽妆是给大家示范欧美系
艳丽妆容是怎么化的!

首先看看和她们的底妆区别:

一、底妆

亚洲人大多喜欢轻薄无妆感
的底妆,追求美白和自然。

而欧美人的底妆大多很厚,
以遮盖原有肤色为主,
粉底用量也挺大的。

我们的肤色和选用色号

她们的肤色和选用色号

我们天天防晒都不够,她们反而专门跑去晒太阳,
因为觉得小麦色的肌肤很性感、很健康……

尼玛直接从白皮肤变
成黄皮肤了好吗!

不想白跟
我换咯……

二、眼妆

亚洲人的眼影都是
沿着睫毛往外过渡地涂，
眉毛大多平直。

而欧美人的眼影着重
加深在眼窝位置，
眉毛一般都是挑眉。

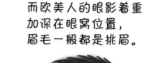

欧式大双羡慕
好羡慕

她们的妆换作我们来化，简直就是大浓妆，没法出门……

三、修容

她们真的很爱修容（明明五官很立体了好吗），而亚洲人
就很少修容，除非拍照需要或者化很完整的妆的时候。

眼下用很白的
遮瑕膏提亮

对，就是像这样

特别是颧骨那块一定要有凹下去的感觉

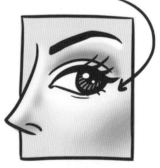

差不多就是这些区别了。
另外，她们基本不化咬唇妆，
咬唇妆好像是亚洲人的专利。

欧美系小红帽眼妆画法

用到的眼影盘 ↓↓↓ 因为设定是小红帽,所以眼妆以红色为主。

有用到的颜色顺序:
这次颜色比较多,
还是挺复杂的……

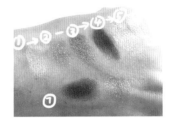

裸眼一枚,先涂一层
眼部打底膏(为了有老外
的感觉特意戴了绿色美瞳)。

1. 用米白色眼影给
整个眼皮打底

2. 再用粉色
眼影打底

3. 用深点儿的粉色作为
主色调,从睫毛向外过
渡开, 眼下也要画

4. 用暗红色标出眼窝处,然后向外画出过渡,
做出假眼窝效果,眼尾也要加深向外拉长

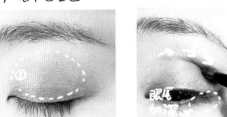

插播一条：
画出基本的眼窝以后，
就可以贴双眼皮贴啦。

把胶水均匀地
涂到蕾丝上

找好位置，往上一贴，
等干了再睁眼。
（天啊！这就是传说中的……）

5. 定好整个眼睛轮廓后，就可以继续加强眼窝立体感了
用淡粉色轻轻点在眼皮中间位置，用米白色提亮眼头，再用暗色
加深尾部（这边暗色我用墨绿色，与绿色美瞳相呼应，你也可以选用其他
暗色比如深紫色、深褐色、深蓝色等，看个人喜好）

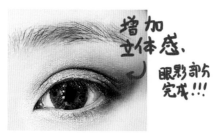

6. 接下来就是画眼线啦，因为贴了双眼皮贴，所以眼线先画粗些也没事。
显得眼睛大！不过这次我还画了一条在双眼皮褶皱尾部，更加深双眼皮

7. 之后，就是最重要也是最能体现欧美风的一步——画眉毛
先用小梳子把眉毛梳整齐，尽量往上梳，因为要画挑高的眉毛

画的方向如下　　　　眉峰挑很高　　　　画完用遮瑕膏把
　　　　　　　　　　　　　　　　　　　　眉毛边缘画清晰

8. 贴假睫毛，这个妆算是比较浓的，上下睫毛都要贴

贴好后
涂睫毛膏
使真假睫毛
粘在一起

9. 用深红色眼线笔（没有可以拿深红色眼影代替）
填充双眼皮末尾那段，然后向前过渡

像这样

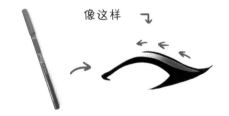 

向前过渡

眼妆完成！

好美！你说！

与裸眼对比，是不是差别很大？

  VS

10. 眼妆完成就可以做全脸的修容高光和腮红了

其实平常我也
只是修下鼻子，
脸不修，除非
化完整妆的时候。
这个欧美妆
适合 COS 派对、
拍照、各种活动，
所以修得重些
也没事。

修容范围：　　　　　　　　　　　　　高光范围：

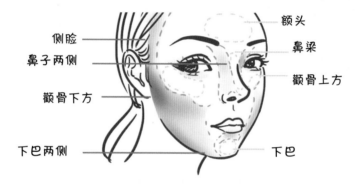

- 侧脸
- 鼻子两侧
- 颧骨下方
- 下巴两侧

- 额头
- 鼻梁
- 颧骨上方
- 下巴

11. 红色妆容就配个大红色唇膏吧

一定要涂饱满

涂完用米白色的笔
提亮唇峰，清晰轮廓

如果嘴唇比较薄，可以适当涂出来一点，
毕竟欧美人很爱大厚唇。

换好服装
欧美系小红帽妆
完成!

妆前素颜

你能看出这俩
是一个人吗?

妆后造型

这次化得
真的是
连自己都
认不出来
的那种……

给你们感受下……

小红帽化好妆后，就美美地出门去看奶奶了。

到了奶奶家……

小时候就特别不理解这个童话故事，
狼扮外婆这么明显的事情小红帽居然看不出来？
还一个劲儿地问问问……

就像这张图
诠释的一样……

于是**聪明如我**的小红帽
一眼识破大灰狼的伪装，
与它殊死搏斗三天三夜！

终于干掉了大灰狼
……

变成了黑化版的小红帽

（黑暗系妆容
示范，在原有
的基础上色彩加深）

THE END

271

简易妆容示范

不同风格妆容
的简易教程

前面都是详细的教程，
这篇着重的是眼妆教程和唇色搭配。

看我七十二变！

妆容最重要的是眼妆，
眼妆风格决定
整体妆容，画好眼妆，
其他的就很简单啦！

上扬的挑眉

三色精致眼妆

成熟大波浪卷

立体大红唇

明显的修容

霸气侧漏大红唇

很适合晚宴、舞台的妆容，欧美系浓妆，
化惯了淡妆偶尔尝试这种类型的妆，你会发现整个人都变得不一样了！

裸眼，戴上一款
混血的美瞳。

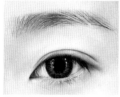

1.画上比较霸气的挑
眉，眉峰上扬

2.用白色眼影
先提亮眉骨位置

3.用红棕色在
眼尾斜向内过
渡自然

4.画下眼尾
向中间过渡

5.用墨绿色
从眼头向
中间过渡

6.用带亮片的
黄色眼影点在
眼皮中间，
下眼睑也来点

7.用眼线笔画
出长长的眼线，
斜向上拉长

8.戴上长款假睫毛，
贴上双眼皮贴，
眼妆完成

9.既然是霸
气混血妆，
记得认真
修容哦

鼻影 →
侧影 →

10.用深红色口红涂满嘴唇，
嘴唇边缘用深色口红加深，
增加立体感

浅浅细细的眉毛

浅紫色眼影
蓝色眼线

明显的卧蚕

粉色大面积腮红

玖红色唇膏

有光泽的底妆

楚楚可怜魅惑妆

厌烦了每天画大地色眼影吧？试试这款色彩鲜明的冷色系妆容吧，适合夜晚约会、聚会，睁、闭眼间蓝色眼线若隐若现，独具魅力呢！

裸眼，
戴上一款混血的美瞳。

1.画上眉毛，用
稍微浅一点的颜色
才能突出眼妆

 2.用亮灰色
涂整个眼皮和
下眼睑位置

3.用眉笔加深卧蚕下
方，让卧蚕更明显

4.用紫色晕染
眼睛两边和
下眼角

5.用眼线液笔画出细
细的眼线，向下垂，
体现无辜感

6.用蓝色眼线胶
笔在眼线上方
叠加一层

闭眼效果，
不能画太粗，
不然很夸张

7.夹睫毛刷上睫毛膏，
贴上自然款假睫毛，
眼妆完成

配合玫粉色唇膏，
妩媚又不失韵味。

精致特别的
妆容很容易
给人留下
深刻印象呢！

上扬的眼线

双眼皮贴假睫毛
让妆更完整

立体感的修容

浅灰色，
比平常粗
一点的眉毛

灰色略带
混血感的眼妆

紫红色的唇膏

灰色系冷酷妆

帅气感十足的妆，完全可以 HOLD 住姨妈色。
清晰的轮廓，硬朗的妆容，让你在人群中脱颖而出，很适合拍照哦！

裸眼，
选择一款灰色
或混血的美瞳。

1.用浅灰色
眉笔画好眉毛，
稍微上扬的那种

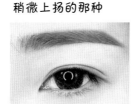

2.用白色带点
珠光的眼影给
整个眼皮打底

3.用浅灰色作
为主色调 铺满
眼皮中央

4.用亚光深棕
画出假眼窝

加深卧蚕暗部

闭眼效果

5.然后加深上下
眼尾，上眼尾
画出上扬的感觉

6.用浅色珠光
再次提亮眼球中央，
卧蚕位置也要提亮

7.用眼线液笔
画出上扬的眼线

8.刷上睫毛膏，
下眼尾睫毛稀少，
可以用眼线笔补几根

戴上假睫毛，
贴上双眼皮贴，
眼妆完成！

冷酷妆容就是要配颜色
比较深的唇膏才霸气，
紫红色或姨妈红最合适了！

279

红棕色眉毛
与橘色眼影
相搭配

橘色眼影
棕色眼线

自然卷翘
的睫毛

橘色腮红

橘红色唇釉

温暖秋日橘色妆

暖暖橘色，青春朝气，和大地色系一样可以当常用色。
整个妆感也不重，超级自然，特别适合作为日常妆。

裸眼，
选择一款
自然棕的美瞳。

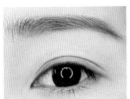

1. 用红棕色眉笔画细细的眉毛

2. 用橘色眼影画整个上眼皮和下眼睑

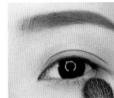

3. 用深棕色加深上下眼尾

4. 用比较闪亮的橘黄色眼影点在眼皮中央

5. 用香槟色眼线胶笔画卧蚕位置

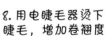

6. 用深棕色眼线胶笔画眼线

7. 夹睫毛、刷睫毛膏

8. 用电睫毛器烫下睫毛，增加卷翘度

眼妆完成

闭眼效果

橘色系妆容最适合
橘红色唇色，
秋日比较干燥，
我选择橘红色唇釉

自然款假睫毛

宿醉般的腮红

水亮的嘟嘟唇

自然的眉毛

很淡很淡的眼影

明显的卧蚕

日系少女杂志妆

日系杂志比较崇尚自然无妆感，眉毛眼影都很淡，但强调卷翘的睫毛，最有特色的就是类似宿醉的腮红，还有水亮的嘟嘟唇，显得年轻可爱。

裸眼，
戴自然款
隐形眼镜。

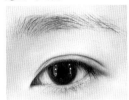

1. 用眉粉画出眉毛，
没有清晰的轮廓，
自然不刻意

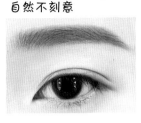

2. 画完眉毛，
顺便用眉粉中间
那格画鼻影

3. 用浅米棕色眼
影画眼皮中央和
下眼角位置

4. 用米白色眼
影画卧蚕

5. 用眉粉加深卧
蚕暗部

6. 用棕色眼线胶笔画出
细细的眼线，尾部拿棉
棒晕染自然

7. 刷上睫毛，戴上一
款超级自然的假睫毛，
眼妆完成

8. 腮红从眼睛下方向下
晕染，颜色可以红点，
像宿醉的红晕

9. 用水红色米亮的唇
釉涂满整个嘴唇，记
得往外涂点

10. 用珠光色笔
提亮唇峰，增加嘴巴立体感

猪油嘴

283

细细的弯眉

粉色眼影和
红棕色眼线

向下垂的眼线

明显的卧蚕

粉色的腮红

桃红色唇膏

温柔如水桃色妆

温柔的眉眼，整张脸粉色系显得娇嫩可爱，特别有女人味，
看似淡妆其实心机满满，所以是直男最爱呢！

裸眼一枚,
既然是直男最爱,
那就尽量避免夸张
的美瞳。

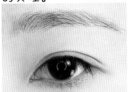

1.画上细细
弯弯的眉毛,
更显得温柔如水

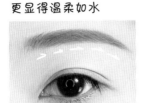

2.整个眼皮
刷上浅粉色
眼影打底

3.眼皮中间涂上
粉色眼影,整个
卧蚕也要涂

4.用红棕色从
内向外再加深下,
让眼影更有层次感

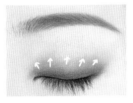

5.下眼尾
也要哦

6.迷人的眼睛
少不了卧蚕,
再用白色珠光眼
影提亮卧蚕中间

7.画上眼线,
这次画下垂的,
会显得惹人怜爱

8.用紫红色
眼线胶笔在
上下眼尾位置
再画一遍

9.卧蚕底下用眉
笔加深

戴上超自然款假睫毛,
贴上双眼皮贴,
眼妆完成!

配桃红色唇膏,
边缘用棉棒晕开,
显得嘴巴更诱人呢!

大地色眼影

橘色腮红

粗犷的眉毛

上扬的眼线

立体感修容

裸橘色唇膏

中性风粗眉妆

很多明星喜欢画粗眉，非常霸气，随性洒脱，眉宇间透露着点刚毅，
不喜欢太柔的女生们可以尝试这样的妆。

裸眼，
这次戴的是黑
色小直径美瞳。

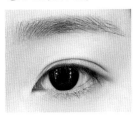

1.用眉笔勾出轮廓，
画得比平常粗些

2.用眉粉填色，
和轮廓很好地融合

3.用睫毛膏轻轻
刷下睫毛，强调打造
如天然粗眉一样的眉毛

4.然后用眉粉顺
便画下鼻影

5.用浅棕色给
整个眼皮打底

6.用深棕色加
深上、下眼尾

7.用眼线液笔画出长长
细细上扬的眼线

8.用眼线胶笔在下眼
头画一点出来，这样
眼睛可以更有神

刷上睫毛膏，
眼妆完成！

腮红选择
超自然的
橘红色，
还有这次
妆容也强调
立体的轮廓，
要好好修容。

唇膏选择颜色比较淡的裸橘色，
弱化嘴唇，突出眼睛。

25

超级持久妆

应对一天带妆情况！

持妆超过8小时

防脱妆哟！

噗～

晕妆、脱妆，一直是很多化了妆的妹子最头痛的事儿。

 早上
 中午
 晚上

即使可以频繁补妆，那也只会造成妆越补越厚、越来越不自然……

粉厚
苍蝇腿
眼角晕开
嘴唇越来越干

所以今天，我们重点不在妆容如何，
我教大家几个让妆容变得超持久的方法！

适合：

超嗨聚会

带妆一整天
 超过8小时

……等情况，
其间你只需要
吸吸油、补补粉
就好了！

旅游度假

**首先，你若想要妆容持久，
在一切开始之前的保湿绝对不能忽视。**

白天尽量避免用太厚重、太过油腻滋养的保养品，
一切按保湿清爽的来。

保湿很
重要!!!

保湿做足了
皮肤才不会
容易缺水出油，
妆容也会更
服帖和持久！

之后，必要的防晒和妆前乳也不能忘。

清爽　控油

一般带妆一天多数是在室外，
所以一定要涂防晒霜。
（SPF50 不是说防晒能力强，
而是数值越高，阻挡紫外线的时间就越长）

**选用控油的妆前乳
也尤为重要！**

其实很多防晒霜质地很清爽，
也可以当作妆前乳或者隔离霜使用。

有我就够了~

作用

防晒

接下来就可以上底妆啦!

我试过很多种上底妆的方法，虽然各有各的好，
但是论轻薄服帖，还是海绵效果最好!

手抹　　扁头粉底刷　斜头粉底刷　圆头粉底刷　美妆蛋

因为美妆蛋使用前要稍微浸湿，本身湿掉的
海绵就容易让粉底液更好地融于皮肤上，
不是那种干抹干扫上去，所以相对更服帖和持久。

1.用水浸湿美妆蛋　2.挤去多余的水分　3.蘸粉底液　4.均匀地点上去

如果你今天 带妆时间长，
那么你的底妆最好就上得轻薄些，
避免太厚的底妆不好控制，斑驳不均匀，
轻薄的底妆再补妆会更自然些，
皮肤也不会一开始就负担那么大，不透气。

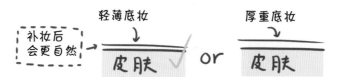

上完底妆之后就是遮瑕和修容。

修容选择修容棒，膏体的会比粉质更持久。
（因为膏体修容在定妆前，粉质修容在定妆后）

遮黑眼圈：
先用深一点的颜色把整个
黑眼圈遮住，然后用稍微亮一点的
颜色着重遮泪沟位置。

一般日常妆我只会修鼻影
不会修侧脸，因为头发是
放下来的，修了意义不大。

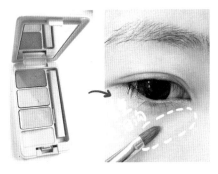

膏体遮瑕虽然效果好，但是不大好控制，
会涂重，抹不均匀，所以不推荐新手用。

想让腮红持久，同样是在定妆前，

用液体腮红或者膏体腮红。

个人认为膏体比液体更好
晕染开，用这类腮红能
让颜色与皮肤融合得更自然。

效果

之后定妆，就把腮红牢牢压在蜜粉下啦，
肯定会比定妆完上一层粉质腮红来得持久。

底妆完成后就是蜜粉定妆，

用粉扑会比刷子更容易
让蜜粉附着在脸上
记得选一款粉质细腻、
针对控油持妆的蜜粉哦！

在容易出油及晕妆
的位置多按压几遍

做这一步时一定要知道你哪里比较容易出油，
比如眼周部分、三角区、鼻翼以及嘴角部分
都要仔细地多按压几遍。

接下来是眉毛部分。

让眉毛更持久的方法还是用染眉膏，
刷了不但让眉色均匀，还不易脱色。

1. 用眉笔画出眉毛

2. 刷上染眉膏

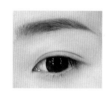

统一眉色
持久

固定

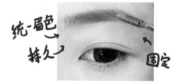

最近发现更能让眉毛不脱色的还有一个厉害的工具，
就是——液体眉笔！！！（它不仅能保持一整天都不脱色，
如果不是特别仔细地卸妆，第二天眉毛上还能看得到颜色）

这头是染眉膏

这头是笔
（很像记号笔）

液体眉笔画眉步骤

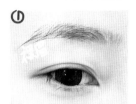

① 刷眉

② 顺着眉毛生长方向

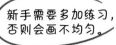
新手需要多加练习，
否则会画不均匀。

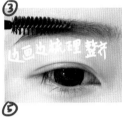

③ 边画边梳理整齐

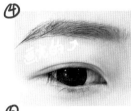

④ 画好啦～

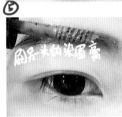

⑤ 刷另一头的染眉膏

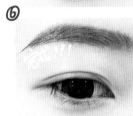

⑥ 染好啦～

小提示：
毕竟这是着色力
很强的眉笔，
建议不要天天用，
可以在需要带妆
时间长的时候用。

如果还想更加持久……那么还有一个"撒手锏"。

眉毛雨衣！长得很像指甲油，
直接涂在画好的眉毛上即可。

涂了它后，相信你
就是下了水也没问题！

就是一层
防脱妆

如果你需要下水，需要带妆很久，运动量大会流汗，
你可以选择以上这两种画眉毛方式，
但日常还是用普通眉笔吧。

通常，需要带妆太久的时候眼妆都是很淡的。

在上眼影前涂眼部打底，
能让眼影更显色、更持久，
不晕妆。

涂在眼皮上用手指晕开

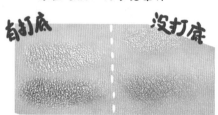
有打底   没打底

另外，我发现
用眼影笔画眼影
会比普通眼影粉
附着力更强。

卸妆水测试：

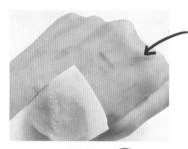

比如我把眼影笔画在手上，
过会儿用卸妆水擦，要花点力气
才能全部擦干净，而眼影粉
直接一抹就掉。

如果你的眼皮很容易出油
建议眼影也不要画太重，
不然分分钟成 被揍眼……

这次用到的三个颜色

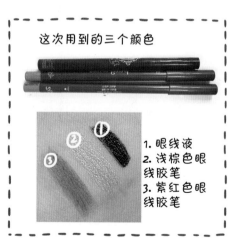

1. 眼线液
2. 浅棕色眼
线胶笔
3. 紫红色眼
线胶笔

画眼影步骤图

1. 用亚光的紫红色打底，边缘用手指过渡好

2. 用亮面浅棕色覆盖叠加在上面做出光泽度

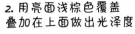

3. 效果图

4. 再用那个亮色画在卧蚕位置

5. 眉笔画出卧蚕暗部

6. 眼线要画得非常细

眼影部分和眼线部分
完成！

本来眼影笔附着力已经够大了，这边实际上是两层眼影笔叠加的，
就更加大了它的持久度，眼线我一直用液体眼线笔，
是最不易晕染的眼线笔类型了。

眼妆最后一步就是睫毛！

先夹好睫毛后，
再涂上防水的睫毛膏。

可是经常有这样的情况：
早上夹得翘翘的睫毛，到了晚上
整个都塌了……

刚夹完　　过段时间……

这边再介绍个神器！涂完睫毛膏后，你可以用
电睫毛器再烫一遍，保证一整天都是卷翘的！

烫的时候可以停留几秒

小提示：当你带妆时间长时，建议就不要贴假睫毛了。

假睫毛
开胶

噗～

因为在定妆前就有抹腮红啦，所以后面
腮红这一步可做可不做(加了会更持久就是了)。

你可以轻轻地再叠加
一层淡紫色腮红。

这样你的腮红颜色基本就不会掉了，
脸蛋也会变得超级粉嫩显白啦。

接下来是涂唇膏。

持久唇妆在前面化妆小技巧教程里有提到过。

涂了润唇膏的嘴

均匀地涂一层口红

拿纸把上面的油分吸干

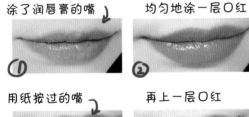

用纸按过的嘴

再上一层口红

再拿纸巾轻按几下，
持久唇妆完成

当然，如果你想有渐变的唇妆，
可以在第二遍的时候只涂
嘴唇内侧，然后抿开。

如果还希望更持久些……你可以试试 口红雨衣！

它有点类似胶水的原理，
涂完唇膏，将它再涂到
嘴唇上用手按压均匀，
那么你的嘴唇就被
覆盖上一层薄膜啦！

涂口红雨衣
时用纸巾接触嘴唇

没涂口红雨衣
时用纸巾接触嘴唇

完全不沾色！！！

最后的最后，化完妆用保湿喷雾离远了喷一下，
可以起到定妆作用。

喷～

|—20cm—|

离远些，喷头向上

千万不要
直面喷
会冲花妆

喷完头凑过来，
让水均匀地洒在脸上

化妆品因为水分的关系就牢牢附着在脸上啦！

超级无敌持久妆完成！

以上就是介绍的各种能让妆容很持久的小方法，
但不是绝对，可能中间你还是需要吸吸油，
但你的妆面肯定基本不会变啦！

图书在版编目（CIP）数据

吴琼琼的彩妆教室 / 吴琼琼著 . — 北京 ：中国友
谊出版公司，2016.6
　　ISBN 978-7-5057-3734-1

　　Ⅰ . ①吴… Ⅱ . ①吴… Ⅲ . ①女性－化妆－基本知识
Ⅳ . ① TS974. 1

　　中国版本图书馆 CIP 数据核字 (2016) 第 113921 号

书名	**吴琼琼的彩妆教室**
作者	吴琼琼
出版	中国友谊出版公司
发行	中国友谊出版公司
经销	新华书店
印刷	北京盛通印刷股份有限公司
规格	700×900 毫米　　16 开
	19 印张　　　50 千字
版次	2016 年 7 月第 1 版
印次	2016 年 7 月第 1 次印刷
书号	ISBN 978-7-5057-3734-1
定价	46. 00 元
地址	北京市朝阳区西坝河南里 17 号楼
邮编	100028
电话	（010）64668676

如发现图书质量问题，可联系调换。质量投诉电话：010-82069336